LETTRE CRITIQUE DE MONSIEUR****

A MONSIEUR****

SUR LE TRAITÉ DE MATHEMATIQUE

du P. C.

ET LES EXTRAITS QU'IL A FAITS dans les Journaux de Trevoux des Memoires de l'Academie des Sciences de l'année 1725.

A PARIS, ruë S. Jacques.

Chez { GABRIEL MARTIN, vis-à-vis la ruë du Plâtre, à l'Etoile.
LOÜIS GUERIN, à Saint Thomas d'Aquin.

MDCCXXX.

AVEC APPROBATION ET PERMISSION.

LETTRE CRITIQUE
DE MONSIEUR ***
A MONSIEUR ***
SUR LE TRAITÉ DE MATHEMATIQUE
du P. C.

ET LES EXTRAITS QU'IL A FAITS

A PARIS, rue S. Jacques,

MARTIN, vis-à-vis la rue du Plâtre,

à Saint Thomas d'Aquin.

MDCCXXX.

AVEC APPROBATION ET PERMISSION.

LETTRE CRITIQUE DE MONSIEUR*** A MONSIEUR*** SUR LE TRAITE' DE MATHEMATIQUE du P. C.

Et les Extraits qu'il a fait dans les Memoires de Trevoux du mois de Janvier 1730. des Memoires de l'Académie des Sciences de 1725.

VOus voulés donc apprendre de moi, Monsieur, qui est ce P. C. qu'on vous a tant vanté. Je suis ravi pour l'interêt de Mr. votre fils, qu'avant que de lui donner ce P* pour Maître de Mathematique, vous m'ayés fait l'honneur de me consulter. Je vais répondre, comme je dois, à la confiance dont

* Le P. C. montre les Mathematiques à plusieurs jeunes gens.

vous m'honorés, en vous le montrant tel qu'il se montre lui-même dans ses Ouvrages. C'est un service essentiel que je vous rends, & qu'il seroit à souhaiter que quelqu'un voulût bien rendre au Public. Vous savés, Mr. combien on doit être délicat dans le choix des Maîtres. Quelles impressions ne font-ils pas sur l'esprit de leurs Eleves? En general les défauts des jeunes gens sont plus les défauts mêmes des Maîtres qu'ils ont eu que les leurs propres. Rien de plus important pour eux que de les accoutumer à faire usage de leur raison & à penser juste: rien en même tems de plus necessaire que de les former à la modestie, & de reprimer en eux une présomption ridicule qui ne leur est que trop naturelle. Quel tort ne leur fait donc pas un Maître, lorsqu'en s'accommodant à leur paresse, & en flattant leur amour propre, il leur persuade qu'ils savent beaucoup, lorsqu'ils ne savent rien. Je ne prétends pas dire ici Mr. que cela soit à craindre du P. C. vous en jugerés. Pour moi je veux croire qu'il a autant de modestie & de justesse d'esprit qu'il en paroît peu dans ses Livres.

Le P. C. est connu dans le monde par differens Ouvrages plus singuliers les uns que les autres; singuliers par les idées qui sont de lui; encore plus singuliers par le ton. Tel est le Traité de Mathematique qu'il vient de donner au Public. C'est une confusion sistematique, un cahos mal débroüillé, de définitions, de divisions, de subdivisions capable de rebuter le lecteur le plus patient. Cela tient 200 pages in 4°, & est suivi d'un Traité de Géométrie, où il parle de tout, sans rien approfondir. Il n'y fait qu'effleurer les matieres dont son Livre n'est gueres qu'une Table. Il faut voir l'air de satisfaction dont il debite les choses les plus communes, & qu'il gâte souvent en les entremêlant d'erreurs. A l'entendre, il donne toujours la *clé* & *l'esprit*. On doit cependant convenir que la maniere de traiter les choses est neuve & toute à lui. Personne ne s'étoit encore avisé de vouloir répandre des agrémens sur une science qu'on n'avoit crû susceptible que de clarté & de méthode. Le P. C. l'a fait, il a prétendu traiter la Géometrie en bel esprit. Je ne vous dirai pas si le bel esprit a nui au Géometre, ou le Géometre au bel esprit, ou s'ils se sont nui tous deux, mais on ne trouve dans le Livre, ni le bel esprit, ni le Géometre.

L'estime que font de ce Livre plusieurs de vos amis, ne doit pas vous en imposer; je n'en suis point surpris, je ne le serois pas même qu'il eut fait quelque réputation à l'Auteur.

Ce n'est point toujours au merite qu'elle se mesure; c'en est la marque du monde la plus équivoque. Un peu d'esprit avec beaucoup de hardiesse : voilà de quoi réüssir dans le monde. Parlés en maître des matieres les plus relevées sans trop les entendre; repetés souvent que vous leur donnés un nouveau jour, que personne avant vous n'en a possedé la clé, jugés cavalierement ceux qui s'y sont distingué le plus, & mettés les hardiment au-dessous de vous; vous êtes un grand homme, un rare genie; à force de vous l'entendre dire, on s'accoutume à le croire. Rien n'est si commun que ces réputations usurpées.

Après tout, Mr. ne vous en rapportés ni à vos amis ni à moi sur l'ouvrage du P. C. mais à l'Ouvrage même; ne vous en fiés ni à leur jugement ni au mien, mais au vôtre. Une courte analyse du Livre va vous mettre en état d'en juger par vous-même.

A la tête est un Avertissement au Lecteur, où on lui recommande bien de lire sans beaucoup d'attention, sans se piquer d'entendre, avertissement repeté avec grand soin dans les endroits les plus obscurs du Livre. Point de méditation, point d'étude : entendra-t'on? tant mieux : n'entendra-t'on pas? tant mieux encore.

Il faut lire tout ceci (c'est l'Auteur qui parle) *sans contention, sans effort d'esprit, avec une attention médiocre, & sans se piquer d'entendre les choses, ni les retenir. Le lire en un tmo plûtôt que l'étudier.*

Cela n'eſt pas mal adroit ; les autres Auteurs vous diſent, la matiere eſt abſtraite, elle demande de l'attention, on ne s'en rend maître qu'avec peine, & ils ne ſont lûs que de ceux qui ont bien envie de s'inſtruire. Le P. C. s'y prend mieux, il veut être lû de tout le monde ; peut-être le ſera-t'il ; L'ignorant, il eſt vrai, reſtera ignorant ; mais qu'importe, il ſera lû. Et puis ne dit-il pas qu'il a fait ſon Livre *avec cette attention, qu'un Lecteur ſuperficiel au bout de deux lectures crût tout ſavoir, & qu'un profond au bout de vingt y trouvât encore à apprendre.*

Venons à l'Ouvrage. Il eſt diviſé en huit *Developpemens.* Imaginés-vous, Mr. un arbre genealogique dont *Mathematique* eſt le tronc. Trois branches en ſortent, Géometrie, Mechanique, Coſmographie. Voilà un premier *developpement.* Ces trois branches ſe diviſent en neuf & forment un ſecond *developpement.* De la diviſion de ces neuf en naît un troiſiéme, & ainſi des autres.

Les ſept premiers *Developpemens* ne contiennent que des diviſions & des definitions de mots. Ils tiennent 200 pages in 4°, comme je l'ai déja remarqué.

Je crois, Mr. que vous ſentés combien il eſt ennuyeux & fatiguant pour un lecteur de ne trouver pendant 200 pages que diviſions & definitions. Il en pourroit bien arriver que le P. C. ne fut pas lû, malgré toutes les précautions qu'il a priſes pour l'être ; promeſſes magnifiques, reflexions ſingulieres, comparaiſons originales ; l'ennui ſera plus fort que tout cela.

C'eſt dans le huitiéme *Developpement* qu'eſt traitée la Géometrie. Comme il eſt le plus propre à vous faire connoître le P. C. c'eſt le ſeul où je m'arrêterai, & j'y paſſerai inceſſamment, après avoir remarqué quelques endroits detachés des ſept premiers qui ſont auſſi propres à ce deſſein. Les voici.

P. 27. developp. 4.

La Géometrie, meſure, la Mechanique, peſe, & la Coſmographie, compte.

C'est ainsi que le P. C. caracterise ces trois Sciences. Cette grande découverte est le fruit de beaucoup de peine. Il le dit lui-même.

L'Ecriture (ce sont les paroles de l'Auteur) *nous apprend que Dieu a fait ce monde avec mesure, poids & nombre.......... l'Univers n'est que cela en effet.......................... suivons cette ouverture ; la Géometrie roule bien précisement sur la mesure de l'Univers, la Mechanique roule aussi sur le poids des corps de l'Univers.*

Voilà donc la mesure & le poids affectés à la Géometrie & à la Mechanique. Mais comment le nombre peut-il caracteriser la Cosmographie.

L'Ecriture nous apprend que Dieu a fait ce monde avec mesure, poids & nombre. Le P. C. devine d'abord que cela veut dire que la Géometrie mesure, que la Mechanique pese, & que la Cosmographie compte. Il faut bien deviner pour cela ; mais ce n'est pas tout ; la Cosmographie compte ; oüi, voilà la chose prouvée par l'Ecriture, mais la difficulté, est de le prouver par le raisonnement. *Car comment le nombre peut-il caracteriser la Cosmographie?*

C'est-là (ajoute-t'il) *une des grandes difficultés que j'aye rencontré dans la formation de mon plan ; mais je puis dire aussi que hors du point de vûë où elle s'est presentée, & à ne juger de ce detail qu'en detail, je ne fusse peut-être jamais venu à bout de la resoudre, quoique cependant la resolution en soit d'une consequence infinie pour avoir des idées justes & précises des sciences Mathematiques.*

Apprenés donc, Mr. comment le P. C. est venu à bout de resoudre une difficulté si importante. Il va vous en instruire. Lisés & admirés.

J'ouvre un cours entiers de Mathematique, j'ouvre des livres d'Arithmetique, d'Algebre, de calcul. J'ouvre des livres de Cosmographie, d'Astronomie & de Geographie. Et tout d'un coup je remarque que ces derniers sont pleins de nombres & de calculs, tandis que les premiers en ont asés peu &

de fort petits. . . . .

M'élevant même à l'idée des choses, je vois que toute description ne peut jamais être qu'une énumeration de parties en detail de la chose qu'on décrit, &c.

Voilà donc l'idée caracteristique de la chose, la Géometrie, l'Arithmetique, l'Algebre & toutes les sciences du calcul apprennent à compter; mais il n'y a que la Cosmographie qui compte en effet réellement.

Enfin, Mr. le Problême est resolu; la Cosmographie compte: Quelle superiorité de genie! Quelle force d'invention! Des gens de mauvaise humeur ou envieux de la gloire du P. C. trouveront peut-être & la difficulté & la solution puerile. Peut-être aussi ne se rendront-ils pas aux excellentes raisons de ce P. C'est, comme il dit autre part, c'est que *le droit de l'envie est de poursuivre à feu & à sang tout ce qui lui fait ombrage*; mais leurs efforts seront vains; il ne s'en élevera que plus haut. *C'est bien pour quelques grenoüilles qui croacent à son lever que le Soleil doit rentrer sous l'horison.* Passons à un autre endroit.

Après avoir beaucoup vanté l'ordre & la liaison de son Ouvrage, le P. C. ajoute.

P. 51. developp. 5.

Je ne dis rien de la facilité que cet ordre & cette liaison donnent aux moins éloquens & à ceux même qui ont l'esprit le plus embroüillé pour parler de ce qu'ils savent & en faire connoître l'usage & l'importance. Chose dont depuis long-temps on demande compte aux Géometres: car à quoi bon tout cela, leur redit-on sans cesse, apparemment parce qu'ils n'ont pas encore répondu sur ce point.

C'étoit au P. C. Mr. qu'il étoit reservé d'apprendre aux Géometres l'utilité de la Géometrie. Avant lui ils ignoroient ou n'avoient pas sû dire que l'Astronomie, la Navigation, la Mechanique, l'Architecture, &c. enfin que presque toutes les Sciences & tous les Arts tiroient d'elle leur perfection ; & M. de Fontenelle dans la belle Preface qu'il a mise à la tête des Memoires de l'Academie, n'a pas répondu aux ignorans qui redisent sans cesse, à quoi bon tout cela ?

Mais voici du plaisant. C'est nn portrait des genifs inventifs le plus joli du monde.

P. 101. developp. 7.

Tous ceux qui frottent leur front, qui dispersent un regard égaré, ou qui s'enluminent à force de mordre leurs lévres ou de pincer leurs jouës, ne sont pas pour cela dans le travail de l'enfantement. Les genies inventifs en petit nombre ont beau vouloir instruire & parler pour autrui, sans cesse ils se parlent à eux-mêmes, reviennent sur eux-mêmes, se reflechissent & se replient en quelque sorte sur eux-mêmes, & cela avec un air de possession & une abondance de vûës qui ne sont pas si methodiquement ajustées au niveau d'une raison vulgaire.

Je ne sai, Mr. si le P. C. auroit voulu peindre les genies inventifs d'après lui ; mais il est certain qu'il a *l'air de possession* au suprême degré, pour *l'abondance de vûës* on pourroit encore la lui accorder en s'expliquant. Ce ne sont pas les plus sensés qui voyent le plus : ils manquent pour cela d'une grande ressource : c'est de voir ce qui n'est pas. Cela arrive souvent au P. C. & la reflexion suivante qu'il fait sur la méthode géometrique en est une preuve.

P. 151. developp. 7.

On vante fort jusqu'ici la methode géometrique, mais il n'est pas question de juger des choses éternellement par des oüis-dire. J'en juge par les faits. De toutes les methodes didactiques, je n'en vois pas de plus defectueuses que celle de la Géometrie. On la vante de sa rigide & sublime perfection, mais c'est par là que je la trouve inferieure à toutes les autres.

Il est permis au P. C. de trouver ce qu'il voudra : mais il

eſt certain, Mr. que de la rigidité de cette methode naiſſent deux grands avantages. L'un la certitude de la ſcience à laquelle on l'applique, l'autre la juſteſſe de l'eſprit.

On n'avance aucune propoſition qu'on ne la démontre exactement; cela accoutume l'eſprit à penſer juſte & à ne point prendre des vraiſemblances pour des verités, ce qui eſt la ſource de toutes nos erreurs.

On a appliqué la methode géometrique à d'autres ſciences & on eſt tombé dans l'erreur; ce n'eſt pas la faute de la méthode, mais de ceux qui s'en ſont ſervis. On peut 1°. ſuppoſer de faux principes, & alors plus la méthode ſera géometrique, plus les erreurs ſeront conſiderables: où 2°. ſuppoſer demontré, ce qui ne l'eſt pas, & cela parce qu'on abuſera de termes équivoques & mal definis.

Il n'eſt pas queſtion (c'eſt l'Auteur qui continuë) *de la perfection de la Géometrie; Eſt-ce une idole qu'il faille encenſer? il eſt queſtion de perfectionner les hommes & de les inſtruire. Or trouve-t'on la Géometrie fort communicative & fort inſtructive dans ſa methode. Qu'on en juge par le petit nombre de Géometres habiles. On trouvera ſans difficulté, cent Phiſiciens, cent Hiſtoriens, cent Metaphiſiciens, pour un Géometre.*

Le P. C. en auroit aiſément trouvé une autre raiſon que le défaut de la méthode, pour peu qu'il l'eut voulu chercher. La voici. La Phiſique, la Metaphiſique & l'Hiſtoire ont beaucoup plus d'attraits pour tout le monde en general que la Géometrie. Cela eſt tout naturel. Les phénomenes de la nature frappent la vûë, étonnent l'imagination & excitent par conſéquent la curioſité. La Metaphiſique tient de près à la Religion, & d'ailleurs on eſt bien aiſe de ſe connoître, & de bien démêler les idées primitives ou les premiers principes de nos connoiſſances. Pour l'Hiſtoire, c'eſt un recit de faits auſſi amuſans qu'inſtructifs. Il n'en eſt pas de même de la Géometrie dont l'entrée eſt ſeche, abſtraite & épineuſe. Ce n'eſt qu'après un travail penible qu'on trouve à ſe dédommager

mager amplement de ſes peines. La Géometrie convainc l'eſprit, mais ſans remuer l'imagination qu'elle tient en contrainte, & l'imagination eſt la partie dominante dans preſque tous les hommes. Il n'eſt donc pas étonnant qu'il y ait plus de gens qui s'appliquent à ces trois ſciences qu'à la Géometrie. Mais c'eſt à la matiere & non à la méthode qu'il s'en faut prendre. Encore doutai-je très fort qu'il y ait plus d'excellens Phiſiciens, Hiſtoriens & Metaphiſiciens, que d'excellens Géometres. Le bon Phiſicien même ne peut ſe paſſer de la Géometrie.

Ce n'eſt pas au reſte (pourſuit-on) *qu'on n'aime & qu'on n'eſtime la Géometrie dans le monde, qu'on n'en connoiſſe l'utilité & la neceſſité, &c.*

Le P. C. p. 51. comme je l'ai remarqué, pour vanter l'ordre & la liaiſon de ſon ouvrage dit qu'il *ſervira aux eſprits les plus embroüillés à faire connoître les uſages & l'importance de ce qu'ils ſavent, choſe dont depuis long-temps on demande compte aux Géometres ; car à quoi bon tout cela, leur redit-on ſans ceſſe, apparemment parce qu'ils n'ont pas encore répondu.*

Ici il veut blâmer la méthode géometrique. C'eſt à elle qu'on doit s'en prendre, s'il n'y a pas plus de Géometres. Car ce n'eſt pas *qu'on n'aime & qu'on n'eſtime la Géometrie, qu'on n'en connoiſſe l'utilité & la neceſſité.*

Si on en *connoît l'utilité & la neceſſité*, on ne redit donc pas ſans ceſſe aux Géometres, *à quoi bon tout cela ?* Que le P. C. s'accorde avec lui-même. Mais Mr. c'eſt peut-être trop exiger de lui, une imagination, comme la ſienne, eſt faite pour ſe contredire. Peut-être auſſi lui doit-on paſſer ce petit défaut en faveur des gentilleſſes qu'elle produit, & pardonner le fonds à cauſe de la maniere. Elle eſt tout-à-fait ſinguliere : où trouveroit-on, Mr. par exemple, des comparaiſons comme celle qui ſuit, p. 143. Dévelop. 7. ſur l'acceleration de la chute des corps. *Un corps qui tombe eſt comme un ſoldat qu'on paſſe par les baguettes. Quelque foible que ſoit chaque coup, le total des coups ajoutés l'un à l'autre, le réduit en un état pitoyable.*

Après cette belle comparaison, le P. C. n'auroit-il pas dû placer la reflexion suivante qu'il fait p. 67. *Il y a des gens qui n'aiment point les comparaisons, & ils ont raison de n'aimer pas celles qui sont mal faites, triviales ou simplement poëtiques. Mais en general il est certain que la comparaison est la clé des découvertes & des sciences.* La comparaison précedente auroit servi de preuve.

Voici à present, Mr. de solides reflexions sur la mode, qui sont bien de l'Auteur.

P. 159. Developp. 7.

On accuse les François de legereté en ce point (il parle de la mode) *mais la nature est-elle legere, lorsqu'elle varie encore plus que les François. Nous voilà bien dignes des reproches de toute l'Europe, parce que nos tabatieres sont tantôt arrondies, tantôt quarrées, & tantôt ovales. Qu'on s'en prenne à la Géometrie dont l'esprit nous anime, & qui nous fournit l'idée de toutes ces figures.*

Hé bien, Mr. les François ne sont ils pas bien obligés au P. C. Le changement de mode est inspiré par la Géometrie. Voilà les femmes Géometres, & plus Géometres que les hommes. Quelle surprise pour elles ! Mais écoutons l'Auteur : il continuë,

Si dans les figures sur quoi roulent nos modes, on remarquoit des défauts d'irregularité & des défauts de continuité & de proportion, je conviendrois sans peine de la justice de ces reproches : mais si le cercle, l'ovale & le quarré sont des figures proportionnées géometriques & regulieres, de quoi nous blâme-t'on ? Des figures sans doute mal dessinées sur le rivage firent dire à un ancien que la tempête avoit jetté sur ce rivage, qu'il voyoit des pas d'hommes. En sommes-nous plus inconstant & moins hommes, pour donner à nos habits & à tout ce qui nous environne, tout ce que la Géometrie a de figures les plus recherchées & les plus profondes.

N'allés pas croire, Mr. que tout ceci soit une méchante plaisanterie, ce n'est point du tout plaisanterie, non plus que ce qui suit ; l'Auteur parle très-sérieusement.

Ce n'est pas en France au moins (poursuit-il) *qu'on a besoin de tracer des figures sur le papier & de se guinder à des idées fort abstraites & fort éloignées de nos usages pour rendre les gens Géometres. Nous avons l'œil géometrique dès le berceau. Que sera-ce, si l'esprit le devient une fois.*

Le P. C. pousse encore plus loin ses belles & judicieuses reflexions sur la mode ; mais je vous fais grace du reste, aussi-bien que de cent autres traits à peu-près de la même force, répandus dans les sept premiers développemens. Tel est, par exemple, celui-ci, qui est page 191, & qui se presente à moi.

Pour ce qui est du discours par le moyen duquel se fait la communication des esprits, il se rapporte naturellement à l'acoustique. Les esprits ont leur sphere d'activité, comme les corps sonores ; le disciple est communément au-dessous du maître, & les pensées s'affoiblissent comme les sons en s'éloignant de leur source. Je ne dis rien des Echos qui sont bien en aussi grand nombre dans le sistème des esprits que dans celui des corps. Enfin, c'est un fait que ce qu'un grand homme dit est sujet à être réellement redit plusieurs fois.

Je passe au Traité de Géometrie. Il est bon, Mr. de vous avertir qu'il y regne d'un bout à l'autre un air de confiance & de bonne opinion qu'on ne peut pas bien rendre ; il faudroit copier tout le Traité.

Le P. C. divise la Géometrie en simple, composée & transcendante ; ce qui compose 55 Traités. Mais il ne faut pas être la dupe de ce terme ; ces Traités ne sont gueres que les titres des chapitres que devroient contenir les Traités réels qu'il n'a point faits. Par exemple, il a divisé dans le *developpement* précedent la *méthode d'invention* en quatre parties, *collection*, *combinaison*, *generalisation*, *retour*. Dans celui-ci il subdivise ces quatre branches en neuf dont il donne la définition, & cela avec quelques reflexions sur les genies inventifs; voilà un Traité, & qui n'est pas des moindres. Le suivant est même encore moins considerable. Un arbre genealogique dont *Methode Mathematique de doctrine* est le tronc, avec une très-courte explication en fait l'affaire: voici quelques-unes des reflexions de l'Auteur sur les genies inventifs, vous jugerés des autres par celles-ci.

L'esprit d'invention est un peu broüillon de son naturel (le P. C. en doit être crû) *il derange tout, mais c'est pour tout arranger à son tour d'une maniere nouvelle & avec un nouvel assortiment. Ce sont ces esprits createurs & inventifs qui munis d'une vaste collection de vûës naturelles & acquises, franchissent la réduction à l'aide de la combinaison, & atteignent au nouveau sistême.*

Au reste, les esprits étant aussi divers que les visages, il ne laisse pas d'y en avoir une espece qui vont jusqu'à la reduction & à la découverte sans pouvoir arriver au sistême, ni se mettre jamais en possession de cette découverte, manque de tête & d'une certaine vigueur. Ils enfantent, mais avant terme, & ne produisent que des avortons. Il faut de la memoire pour le détail, de l'esprit pour la combinaison, du genie pour la generalisation & de la tête pour le retour, & en particulier pour le sistême, &c.

Le tout n'est pas d'arriver, il faut pouvoir revenir, ouvrir des routes, tirer des lignes de communication, poser des guides, se rendre possesseur de sa conquête, & sur tout la peupler en y introduisant les autres.

Dans la recapitulation des deux méthodes de doctrine & d'invention, il y a encore quelques reflexions de même valeur que les précedentes; au reste elles sont neuves, & personne, je crois, ne s'avisera d'en disputer la proprieté à l'Auteur. Telle est celle qui suit.

Tout esprit dûment instruit inventera tôt ou tard quelque chose, quelque façon, quelque pensée & plûtôt que de ne rien faire quelque sottise ou quelque folie.

Oh sur ce pied-là le P. C. a inventé & beaucoup inventé ; Memoires de Trevoux, Mercures, Traité de la pesanteur, tout est plein de ses inventions.

De la *Methode Mathematique, d'invention & de doctrine*, l'Auteur passe à la *géometrique d'invention*, & la divise en trois parties. *Calcul*, *Analogie*, *Equation*.

CALCUL.

On apprend dans cette partie à chiffrer, à ajouter & soustraire tant numeriquement qu'algebriquement.

ANALOGIE.

Cette seconde partie traite des rapports & proportions arithmetiques & géometriques dont on ne donne qu'une idée fort legere. Dans la proportion géometrique le produit des extremes est égal à celui des moyens. L'Auteur suppose bien cette verité fondamentale, mais il ne la démontre point. Il se contente de dire que cela est *par compensation. Les Géometres* (dit-il dans un autre endroit) *sont si concis dans leur stile, que la plupart des verités sont comme étranglées & infiniment à l'étroit dans leurs Livres.* Vous voyés, Mr. qu'elles sont bien plus au large dans le sien.

EQUATION.

Dans cette troisiéme partie le P. C. dit quelque chose des fractions & des principes d'analyse.

Il considere les fractions comme des rapports, & donne cela pour quelque chose de nouveau.

Les fractions (dit-il) *n'ayant été traitées jusqu'ici que comme des nombres, & par rapport au calcul arithmetique ou algebrique, je m'en vais les presenter d'abord dans ce point de vûë vulgaire ; je les presenterai ensuite comme des rapports dans leur point de vûë géometrique.*

Voilà, Mr. comme le P. C. se fait honneur auprès des

ignorans des choses les plus communes & qui sont connuës des plus petits Géometres. Rien n'est si ordinaire que de considerer les fractions comme des rapports, & c'est sur ce pied-là que les a traitées le P. Reinau dans la science du calcul. Cette maniere de les envisager fournit même une démonstration aisée de l'égalité du produit des moyens à celui des extremes. On a par exemple, $a . b :: c . d$, on veut démontrer que $bc = ad$. Pour cela on considere les deux rapports qui forment cette proportion comme deux fractions égales $\frac{a}{b}$ & $\frac{c}{d}$ multipliant l'une & l'autre par b, on aura $a = \frac{cb}{d}$, multipliant l'une & l'autre par d, on aura enfin $ad = bc$. *c. q. f. d.*

Une fraction multipliée par une autre devient plus petite, cette remarque fournit au P. C. la reflexion suivante.

C'est ainsi qu'on verra dans la suite un infiniment petit s'aneantir tout-à-fait par la multiplication. C'est comme celui qui étant trop bas ne s'éleve que pour donner du nés en terre; il y a des situations où on ne s'aggrandit en apparence que pour s'anéantir réellement, un petit merite dans un grand poste degenere en un demerite parfait.

Voilà, Mr. ce qui s'appelle répandre des agrémens sur la Géometrie.

Après les fractions viennent les principes d'analyse. On y apprend à composer, résoudre & façonner les Equations. C'est du moins ce que l'Auteur promet dans le Titre, voici ce qu'il tient réduit à sa juste valeur.

Composition des Equations.

Si on multiplie les extremes & les moyens d'une proportion géometrique, l'égalité de ces deux membres formera un Equation.

Resolut. des Equat.

Une Equation peut se résoudre en proportions.

Les deux membres qui composent une Equation étant égaux, on peut les multiplier & divifer par la même grandeur, fans qu'ils ceffent d'être égaux.

Ce font-là les préliminaires de la Géometrie elementaire que le P. C. divife en *naturelle*, *demontrée* & *pratique*.

La *naturelle* contient les axiomes, les définitions & les premieres verités géometriques.

La demontrée, les lemmes, les theorêmes & leurs corollaires, dans l'ordre fuivant. Les lemmes, c'eft-à-dire, les propofitions qui fervent à en démontrer d'autres, ceux qui regardent les lignes, les furfaces, les folides, font tout de fuite. Il en eft de même des theorêmes & de leurs corollaires.

Enfin, dans la Géometrie-pratique on trouve le calcul pratique, la mefure des angles, &c. c'eft-à-dire quelque chofe de tout cela.

Quoique le P. C. *fe pique fort de méthode* (comme il le dit lui-même) il me femble que celle qu'il a fuivie & qu'il vante beaucoup n'eft pas, à beaucoup près, fi excellente qu'il voudroit le perfuader.

Je crois qu'il feroit mieux & beaucoup plus fimple de traiter d'abord des lignes & de donner tout ce qui les regarde Lemmes, Theorêmes, Corollaires, Problêmes, avant que de paffer aux furfaces, & de même de donner tout ce qui regarde les furfaces avant que de paffer aux folides.

Je voudrois de plus qu'on ne donnât point tous les Lemmes à la fois, non plus que les Theorêmes & les Corollaires; mais que chaque Lemme precedât fon Theorême, fuivi lui-même de fon Corollaire, à commencer par les plus fimples. On fentiroit mieux, ce me femble, l'ordre & l'enchaînement des matieres. Quoiqu'il en foit, je laiffe la méthode, & je viens aux chofes.

GEOMETRIE NATURELLE.

L'Auteur y donne des angles une notion assez obscure.

L'angle aigu ou pointu (dit-il) *est formé par un grand pli.*

L'obtus ou l'émoussé est l'effet d'un petit pli.

L'angle droit tient le milieu precis, & n'est ni trop émoussé ni trop aigu.

Cela est confus, & il n'y a point d'Elemens de Géometrie où ces angles ne soient mieux définis.

En parlant des paralleles, le P. C. dit que ces lignes sont *comme les singes & les compagnes inseparables les unes des autres.*

Mettés l'une debout, voilà toutes les autres debout ; inclinés l'une, toutes s'inclinent, couchés l'une, toutes se couchent.

N'est-on pas bien recompensé, Mr. par cette gentillesse, de ce qu'il y a de defectueux dans la définition des angles.

GEOMETRIE DEMONTRE'E.

Elle commence par les Lemmes. Le P. C. y est toujours le P. C. Il dit d'après tous les Elemens de Géometrie, que le cercle est la *mesure naturelle & relative de l'angle*, & conclut par cette reflexion modeste & bien placée.

En voilà plus que les Géometres n'en apprennent aux commençans ; les Géometres sont si concis dans leur stile, que la plupart des verités sont comme étranglées & infiniment à l'étroit dans leurs Livres.

Elles y sont, Mr. beaucoup moins à l'étroit que dans celui du P. C. Il les dépoüillent, il est vrai, de tout ce qui leur est étranger & pourroit les rendre confuses. Ils disent ce qu'ils doivent dire le plus clairement qu'ils peuvent, sans faire les plaisans mal à propos. Notre Auteur parle souvent beaucoup pour ne rien dire. En voici une preuve sensible. Les Elemens de Mr. le Duc de Bourgogne qu'on n'accusera pas apparemment d'obscurité, ne sont

ſont pas plus longs que ceux du P. C. & cependant on y trouvera au moins la moitié plus de choſes que dans les ſiens.

Pour la meſure des angles, par exemple, on ſe contente ici de faire voir que l'angle à la circonference eſt meſuré par la moitié de l'arc ſur lequel il appuye. Pas un mot de l'angle dont le ſommet eſt dans le cercle ou hors du cercle, pas un mot de celui que la Tangente fait avec une corde. Cette propoſition fondamentale eſt ſans doute un *detail* qui n'eſt pas digne de l'Auteur.

Des Lemmes il paſſe aux Theorêmes, & en y parlant des figures ſemblables, c'eſt quelque choſe de ſingulier comme il ſe jouë ſur un mot.

Les Géometres, dit-il, *qui ont toujours viſé à la perfection rigide des choſes, n'ont point connu d'autre analogie que la parfaite. Tout ce qui n'a point été parfaitement reſſemblant ne l'a point du tout été pour eux.*

Cependant comme pour être Géometre je ne conſeillerois à perſonne de ceſſer d'être homme, & que la nature ſe plaît à diverſifier toutes choſes ſans ceſſer de les modeler ſur une même idée de rectitude, il n'eſt pas mal de reconnoître avec tous les gens de bon ſens qui jugent bien, qu'il y a du plus ou du moins à tout cela, & que les choſes peuvent ſe reſſembler plus ou moins par divers endroits.

En verité, Mr. ce ſont d'étranges gens que ces Géometres. Sans les Perſonnes *de bon ſens qui jugent bien*, où en ſerions-nous ? Tout ſeroit gâté. Parlons ſérieuſement. Les choſes ſe reſſemblent plus ou moins par divers endroits ; Qui en doute ? Mais, Que cela fait-il aux Géometres ? Ils ont appellé figures ſemblables celles dont les côtés ſont proportionnels. Veulent-ils dire par là que les autres ne ſe reſſemblent point du tout ? Nullement. Ils veulent dire ſimplement que leurs côtés ne ſont pas proportionnels. Mais, Mr. ce qu'avance le P. C. eſt même faux dans le fait ; car les Géometres comparent enſemble les figures dissemblables, & voyent en quoi elles se rapportent & en quoi elles different.

Après cela le P. C. dit quelque chose des solides ; une des propositions fondamentales, c'est que toute Pyramide est le tiers d'un Prisme de même base & de même hauteur. On avance bien cette verité, mais sans en donner la démonstration, *parce qu'on a prevû* (dit-on) *que le Lecteur ne l'entendroit pas.*

Un aussi habile homme que le P. C. à qui tout est facile, auroit bien dû trouver une maniere de la faire entendre.

Nous voci aux Corollaires. Il n'y a rien de l'Auteur que la reflexion suivante.

Fig. 1. *Je ne change rien* (c'est lui qui parle) *au langage des Géometres, mais je l'explique. Ils disent que l'angle* e *qui est plus aigu, est plus petit que l'angle* d, *qui est plus ouvert, & que l'angle* d *est plus petit que l'angle* c, *lequel est infiniment obtus.*

On est si accoutumé à ce langage, qu'on ne doute pas qu'il ne soit naturel ; mais ne seroit-il pas plus naturel de dire que l'angle est d'autant plus grand qu'il est plus angle, plus aigu, moins émoussé, & que la ligne e *est plus anguleuse que* d, *&* d *plus que* c, *qui ne l'est point du tout.*

Le langage des Géometres, Mr. est clair, naturel, & n'a d'obscurité que celle que le P. C. y met. Ils definissent l'angle, l'ouverture de deux lignes, & dès-lors la grandeur où la petitesse d'un angle dépend de la grande ou petite ouverture des lignes qui le comprennent. Cela n'a besoin d'aucune explication.

GEOMETRIE-PRATIQUE.

L'Auteur y traite les Logarithmes en deux mots. Je defie bien les commençans avec toute l'attention du monde de se mettre au fait de la matiere sur ce qu'il en dit, aussi-bien que de ce qui regarde les Tables des Sinus dont il donne l'art à peu-près. *Tel est à peu-près* (dit-il) *l'art des Tables des Sinus.* Cet à peu-près est tout-à-fait plaisant en Géometrie.

On trouve ensuite la Trigonometrie, Planimetrie, Curvimetrie, &c. c'est-à-dire, une très-petite partie de ce qui en est dans cent Traités differens.

Voici néanmoins quelque chose de particulier au P. C. Une découverte considérable qui fait connoître en même-temps, & son profond savoir en Géometrie, & le caractere de son esprit. C'est la quadrature indefinie de la Lunule d'Hippocrate de Chio.

Soit un cercle *e b d a*. Si du point *a* & du rayon *a e* on décrit un arc de cercle *e g d*, l'espace *c b d e* compris entre la demie-circonference de l'un & le quart de l'autre, est ce qu'on appelle la Lunule d'Hippocrate de Chio. Ce Géometre a trouvé qu'elle étoit égale au triangle *e d a*. Fig. 21

Je n'ai garde de mépriser Hippocrate de Chio ni sa découverte : mais je me garderois bien de me rendre méprisable moi-même jusqu'au point de la choisir pour l'opposer à toutes celles des modernes comme une découverte *sublime* qui décide hautement de la superiorité en faveur des Anciens. Elle a le merite de la simplicité, mais elle n'a gueres celui de la difficulté & de l'importance. Elle ne demande ni sagacité, ni recherche, & ne démontre point la quadrature absoluë du cercle, & moins encore sa quadrature indefinie dont l'impossibilité est demontrée. C'est cependant, Mr. ce que prétend le P. C. Sur quel fondement ? Je n'en sais rien.

Hippocrate de Chio (dit-il) *qui n'étoit pas moins profond Géometre que celui de Cos, étoit habile Medecin, est le premier qui ait quarré & exactement mesuré un espace circulaire, & qui ait, par conséquent, démontré la possibilité de la quadrature du cercle entier.*

Ce *par conséquent* là, Mr. n'est point du tout conséquent.

Notre Auteur releve aussi le merite de cette découverte avec la même exagération que si elle étoit de lui, & ne craint pas de la mettre en parallele avec les plus belles des modernes.

Je doute, dit ce Juge éclairé, *que les modernes ayent jamais fait de plus belle découverte & à la place d'Hippocrate, tel qui s'en fait accroire & qui meprise les anciens sans aucun droit personnel, auroit bien pû manquer une verité si sublime.*

Ce ne seroit pas, au moins, le P. C. qui l'auroit manqué, la découverte qu'il a faite lui-même, & que vous allés apprendre, en est un sûr garant. Découverte extremement superieure à celle d'Hippocrate de Chio, & preuve par consequent du desinteressement & de la modestie du jugement que ce P. en porte.

Mr. le Marquis de l'Hospital dans les Memoires de l'Académie de 1701, a donné un morceau dans lequel il determine par de certaines conditions une infinité de portions moyennes de la Lunule, quarrables. Avant lui Mr. Tchirnaus avoit donné la quadrature d'une infinité d'autres portions que celles du Marquis de l'Hospital; mais l'un & l'autre avoit remarqué qu'elles n'étoient quarrables qu'avec les conditions ausquelles ces Géometres les assujettissoient, & qu'il étoit impossible de quarrer indefiniment les parties de la Lunule.

Le P. C. qui a beaucoup plus de lumieres que ces savans Géometres, a trouvé ce qu'ils avoient crû impossible.

Non seulement (dit-il) *on quarre la Lunule entiere, mais je suis bien aise de remarquer ici en passant qu'on peut quarrer toutes ses diverses portions* d h i *& la diviser en raison donnée quelconque, & cela en divisant* d e *dans cette raison donnée au point k, & tirant k h parallele à* a b.

Je suis persuadé, Mr. que le P. C. ne connoît pas bien toute la grandeur & l'importance de sa découverte, & qu'il ne se doute pas le moins du monde d'avoir la quadrature du cercle. Sa remarque, cependant, si elle est vraye, enporte necessairement cette quadrature. Il étoit bien juste qu'un si habile homme trouvât à son tour ce que des ignorans ont trouvé tant de fois. Oüi, Mr. le P. C. a la quadrature du cercle, ou il n'a rien. En voici la démonstration.

Soit CHD une partie quelconque de la Lunule $ABDS$ qu'on veut quarrer, il faut prendre la differentielle de l'espace & l'integrer si on peut.

Nommant $AD(a)$ $TD(x)$ on aura $CT = \sqrt{ax - xx}$. en appellant MR, C, VR sera $a + 2c$ & on aura $HP = \sqrt{ax + ac + cc - xx}$

$HT = \sqrt{ax + ac + cc - xx} - \frac{1}{2}a$, & enfin $CH = \sqrt{ax - xx} + \frac{1}{2}a - \sqrt{ax + ac + cc - xx}$. Fig. 3.

La differentielle de l'espace CDH sera donc

$dx \times \overline{\sqrt{ax - xx} + \frac{1}{2}a - \sqrt{ax + ac + cc - xx}}$. Or cette differentielle ne se peut integrer qu'en integrant celle du cercle qu'elle renferme, savoir,

$dx \times \sqrt{ax - xx}$ & $dx \times \sqrt{ax + ac + cc - xx}$.

On ne peut donc avoir la quadrature indefinie de la Lunule qu'en ayant celle du cercle, & par conséquent, Mr. le P. C. a cette derniere, ou il n'a rien.

Cette alternative m'a d'abord embarrassé. D'un côté l'impossibilité de la quadrature indefinie du cercle est demontrée, de l'autre le P. C. assure positivement qu'on peut quarrer toutes les diverses portions de la Lunule, & la diviser en raison donnée quelconque. Il trouve même la chose si facile qu'il ajoute, *je n'en mets pas la demonstration, mais la figure l'indique, & je sai par experience que des commençans peuvent la trouver facilement.* Comment concilier deux choses si opposées, il n'y a pas d'apparence que le P. C. donne avec le plus grand air de confiance, hardiment & d'un ton de maître une remarque fausse. Ce P. a aussi trop de bonne foy pour avancer qu'il a *l'experience que des commençans en peuvent facilement trouver la demonstration*, si cela n'est pas vrai. Ces considerations, Mr. auroient suspendu mon jugement, s'il m'avoit été possible de me refuser un moment à la force d'une verité évidente. Mais il a fallu s'y rendre. Le P. C. se trompe. Il s'imagine qu'en divisant le diametre du cercle en raison donnée, & élevant une perpendiculaire du point de division, la Lunule est divisée en raison donnée. Voici, Mr. une demonstration bien simple du contraire.

Soit la Lunule *T D Q I*. Je divise le diametre *T Q* en quatre parties égales. De *B* point de division, j'éleve une perpendiculaire *B F*. Je dis que l'espace *F N Q F* n'est point le quart de la Lunule.

Fig. 4.

D e m o n s t r.

Le rectangle *E M N F* est égal au rectangle *F N P G* égal lui-même à *F N Q H* (à cause de *F G H* = *N P Q*) donc *E M N F* = *F N Q H*. Mais l'espace *F N Q H* est plus grand que la partie de Lunule *F N Q F* de tout *F H Q F*. Donc aussi *E M N F*. Or la partie de Lunule *D I N F* est plus grande que le rectangle *EMNF*; donc elle est plus grande que *F N Q F*. Donc *F N Q F* n'est point le quart de la Lunule.

C'est à vous, Mr. à present de juger ce qu'on doit penser de la modestie, de la bonne foy & de l'habileté du P. C. aussi bien que des progrès que doivent faire sous un tel maître des commençans. Pour moi, sans rien décider là-dessus, je vous prie seulement de bien remarquer que de son aveu il a *l'experience que des commençans peuvent trouver facilement la demonstration* d'une chose dont je vous ait fait voir la fausseté & l'impossibilité.

Au reste, Mr. en voilà cette fois-ci *beaucoup plus que les Géometres n'en apprennent aux commençans.*

Ainsi finit la Géometrie simple, en avertissant bien le Lecteur *de ne se pas embarrasser de retenir tout ce qu'il vient de lire; il suffit d'en avoir pris une idée. Le souvenir s'en meurira petit à petit. En tout cas il vaut mieux y revenir que de s'y arrêter. C'est en homme, non en Perroquet qu'on doit apprendre la Géometrie.*

C'est, Mr. par cette raison même qu'on doit l'étudier tout autrement que ne le veut le P. C. *apprendre en homme,* c'est voir ce qu'on apprend par toutes ses faces, les comparer ensemble, & se rendre sa matiere en quelque sorte propre par ses reflexions. Apprendre les choses sans attention & à force de relire, c'est apprendre par memoire, & par conséquent comme un *Perroquet*.

GEOMETRIE COMPOSE'E.

Elle est divisée en trois parties, Arithmetique, Algebre & Analyse, Sections Coniques.

ARITHMETIQUE.

Toute la méthode que l'Auteur donne pour la division des nombres & l'extraction de leurs racines, c'est de prendre un nombre qu'on jugera approchant du quotient ou de la racine qu'on cherche ; de l'essayer & de voir s'il convient. S'il est trop petit d'en prendre un plus grand, s'il est trop grand d'en prendre un plus petit, & de continuer ce procedé jusqu'à ce qu'on ait trouvé le quotient ou la racine. En un mot, c'est un pur tâtonnement & un tâtonnement fort long. Il est vrai que les Géometres tâtonnent un peu aussi en faisant ces opérations, mais ils le font d'une maniere infiniment plus éclairée, plus méthodique & plus courte.

Ce que j'estime de la Méthode presente (dit notre Auteur) *c'est qu'elle ne m'oblige pas de multiplier les principes, ni le discours, ni l'étude, ni l'attention du Lecteur.*

Je le crois bien : sa Méthode est de n'en point donner.

Dans l'Arithmetique populaire est donnée, comme quelque chose de bien important, la multiplication des especes par les especes.

C'est ici, dit-on, *le vrai nœud de la difficulté. La difficulté est d'autant plus grande qu'elle ne paroît pas d'abord & qu'elle ne se fait tout au plus sentir qu'à la fin de l'opération par une absurdité manifeste où elle aboutit sans qu'on voye le plus souvent pourquoi. Au reste, la resolution de cette difficulté est très-importante pour les changes étrangers, & même pour la Géometrie.*

La difficulté que le P. C. exagere si fort, pour relever le merite de la résolution, est une difficulté puerile qui se résout en deux mots. Il n'y a qu'à dire que multiplier des especes par des especes, c'est une chimere, une absurdité; multiplier, c'est ajouter une chose à elle-même un certain nombre de fois. Or qu'est-ce qu'ajouter 5 sols, par exemp. 2 sols de fois à eux-mêmes. Si on supposoit 20 s. égaux à l'unité, alors 5 s. deviendroient la fraction $\frac{5}{20}$ & 2 s. la fraction $\frac{2}{20}$, & si on les multiplioit l'une par l'autre, ce seroit multiplier des nombres rompus par des nombres rompus, & non des especes par des especes. Passons à l'Algebre.

ALGEBRE.

Elle commence par l'Avertissement suivant.

Du reste, c'est ici un des endroits où j'exhorte le plus le Lecteur à lire vîte & à relire plûtôt vingt fois rapidement, que de lire une fois avec un peu de contention : Rien n'est plus propre à rebuter que ceci, si on se donne le loisir de sentir la difficulté.

Après cet Avertissement, l'Auteur donne un abregé très abregé de ce qui est dans le Traité de la grandeur, dans la science du calcul, dans le Traité d'Algebre de M. Crouzas, & cent autres. Il y joint un discours sur l'art *du chiffre* & *du contre-chiffre*, que selon son ordinaire il entend mieux qu'on n'a jamais entendu.

On peut dire (il parle de cet art) *qu'il y a encore un art superieur à celui que tous ces Auteurs nous ont tracé, & que tout ce qu'on a pratiqué dans ce genre n'est que l'ébauche de cet art superieur. C'est une veritable Algebre, mais une Algebre fine, intellectuelle, qui demande une connoissance de cet art vulgaire & encore plus de discernement & de genie.* Après quoi l'Auteur s'explique fort obscurement, mais il a ses raisons pour cela.

Mon but (ajoute-t'il) *n'est pas d'en deduire ici les regles & le detail. Ceux qui pourroient en connoître le prix, seroient fâchés que je l'eusse rendu trop public; & encore faut-il se reserver le coup de maître.*

C'est

C'eſt la botte ſecrette.

Le P. C. finit le Traité d'Algebre en s'applaudiſſant d'en avoir applani la difficulté par deux endroits. Le premier en *avertiſſant le Lecteur de l'inutilité de l'Algebre.* Le ſecond *en lui preſcrivant de lire vîte les endroits difficiles. C'eſt le vrai moyen* (dit-il) *de n'en point ſentir la difficulté.*

On me demandera (c'eſt lui qui parle) *pourquoi connoiſſant parfaitement l'inutilité de l'Algebre, je l'ai miſe & miſe ſi au long dans un Livre comme celui-ci ? A cela je reponds que ma grande raiſon a été d'acquerir par là le droit de la traiter d'inutile. Il ne m'a pas été difficile de prevoir ce que pourroit dire un nombre de demi-ſavans qui croyent tout ſavoir, parce qu'ils ſavent à demi le jargon de l'Algebre.* 2°. *Je repons que ſi l'Algebre eſt inutile dans la pratique ; elle ne l'eſt pas dans la ſpeculation ; & que puiſque c'eſt un jargon parmi certains ſavans, il eſt utile de l'entendre pour pluſieurs raiſons.*

Je ne veux pas dire, Mr. que le P. C. ſoit lui-même *un de ces demi-ſavans* dont il parle, qui ne ſavent *qu'à demi le jargon de l'Algebre* ; mais il eſt certain qu'il ne faut être gueres profond dans cette ſcience, pour la traiter d'inutile.

Sans parler des grands progrès dont la Géometrie lui eſt redevable, & de la facilité qu'elle donne à réſoudre des Problêmes dont ſans ſon ſecours, on ne viendroit pas aiſément à bout, on ſait que ce n'eſt que par ſon moyen qu'on a des ſolutions generales, d'où naiſſent des formules qui embraſſent tous les cas. En ſorte que les plus ignorans en ſubſtituant aux valeurs indeterminées, leurs valeurs réelles, trouvent tout d'un coup ce qu'ils cherchent. Et que le P. C. ne diſe pas qu'elle eſt inutile dans la pratique ; la pratique eſt ſouvent le reſultat des découvertes qu'elle fait faire, outre que par une formule, comme je viens de le dire, l'ignorant qui veut executer, trouve d'abord ce que quelquefois il ne ſauroit ſeulement pas chercher.

A l'Algebre, ſuccede l'Analyſe. On y donne la réſolution generale des Equations, qui est de prendre tous les diviseurs du dernier terme, & de les essayer l'un après l'autre. Parmi ces diviseurs il y en a plusieurs d'inutiles, le P. Reineau apprend à les distinguer, ce qui abrege beaucoup. Mais c'est apparemment encore *un detail* indigne du P. C. car il n'en dit pas un mot.

Il donne aussi la résolution ordinaire des Equations du second degré. Celle du troisiéme, du quatriéme, &c. aussi-bien que le cas irreductible sont *de sublimes inutilités ausquelles il ne veut pas s'arrêter.*

SECTIONS CONIQUES.

L'Auteur les considere d'abord dans le cône, & ce nouvel Archimede découvre une proprieté dans l'Ellipse & la Parabole qui avoit échappé aux plus fins Géometres. C'est que *la Parabole est à l'Ellipse comme notre éternité au temps.*

Il les considere ensuite hors du Cône & commence ainsi.

Quoiqu'il ne soit plus question du Cône qui a été en quelque sorte le berceau des Sections Coniques, & qu'elles soient désormais comme sevrées pour nous, n'oublions pas cependant les deux affections dominantes du Cône, sa rectitude longitudinale & transversale, dont la complication decide de la nature specifique de ces Sections, comme l'influence des caracteres & des humeurs paternelles & maternelles des caracteres des enfans. Et plus bas. *Dans ce point caracteristique de la proportion des quarrés des ordonnées & des rectangles des abscisses, elles sont filles du même pere.*

Voilà, Mr. des comparaisons neuves, saillantes & lumineuses. C'est dommage qu'elles soient suivies d'une erreur grossiere. Elle est, Mr. de telle nature que je serois surpris d'y voir tomber un Auteur qui fait un Traité de Géometrie, si la quadrature indefinie de la Lunule ne m'avoit appris à ne m'étonner de rien.

Tous ceux qui ont les premiers Elemens des Sections

Coniques savent que la proprieté de l'hiperbole entre ses asymptotes, c'est que tous les rectangles *A I* x *I G*, *A M* x *M H* sont égaux. D'où il suit que toutes les ordonnées *I G*, *M H* que l'on prend paralleles à l'asymptote *A D* décroissent dans la même raison que les abscisses *A I*, *A M* croissent. A cette proprieté si connuë le P. C. en substituë une fausse. Savoir que tous les rectangles *A I* x *I E*, *A L* x *L H* sont égaux. La faute qu'il fait, c'est de prendre perpendiculaires à l'axe, ses ordonnées qui devoient être prises paralleles à l'asymptote, & de supposer que dans le cas qu'il propose, elles décroissent dans la même raison que les abscisses croissent. Voici ses paroles. Fig. 5.

Soit * *une hyperbole ou un quartier d'hyperbole dans son triangle asymptotique avec plusieurs paralleles B I, C K, D L, &c. comme le triangle va toujours en s'ouvrant & s'élargissant de plus en plus à mesure que ses côtés A B, A I, deviennent plus longs, les paralleles vont aussi croissant à proportion qu'elles répondent à des points I, K, L, plus éloignés du point angulaire A, auquel elles sont face. En effet, tous les triangles A I B, A K C, A L D étant semblables à cause de ces paralleles, les ordonnées B I, C K, D L sont semblables & proportionnelles aux abscisses A I, A K, A L.* Tout cela, Mr. est vrai jusqu'ici. * P. 445.

Mais (poursuit l'Auteur) *considerant la circonference hyperbolique comme se réünissant dans quelque point fort éloigné avec ses deux asymptotes A D, A L, & comme formant avec elles une espece de triangle mixte dont elle est la base ; alors les ordonnées I E, K G, L H terminées d'un côté à l'asymptote, & de l'autre à la circonference hyperbolique, doivent par une espece de contre-imitation du triangle, non pas croître à mesure que les abscisses croissent, mais à contre-sens décroître dans la même proportion renversée ou reciproque. En sorte que si A L est double de A I, L H soit sous double de E I ; & que l'ordonnée quelconque soit toujours sous multiple dans le même ordre que l'abscisse est mul-*

tiple. Si l'abscisse est 2, l'ordonnée est $\frac{1}{2}$ Si l'abscisse est 6, l'ordonnée est $\frac{1}{6}$ Si, &c.

Suivant cela les rectangles des abscisses & des ordonnées correspondantes sont toujours égaux; car $2 \times \frac{1}{2} = 3 \times \frac{1}{3} = 6 \times \frac{1}{6} = 1$, &c. c'est-à-dire, deux moitiés, trois tiers, six sixiémes, cent centiémes, &c. sont toujours un; telle est la proprieté specifique de l'hyperbole.

Le P. C. suppose donc, Mr. que les droites *IE*, *KG*, *LH*, &c. décroissent dans la même raison que les abscisses *AI*, *AK*, *AL* croissent. Rien n'est plus aisé que de démontrer la fausseté de cette supposition. Car par la proposition elementaire & fondamentale de l'hyperbole entre ses asymptotes on a le rectangle $AT \times TE$ égal au rectangle $AI \times IG$; mais *AI* étant double de *AT*, *TE* sera double de *IG*; donc aussi (à cause des triangles semblables *TIE*, *IKG*) *IE* sera double de *KG*; au lieu que suivant la nouvelle Géometrie *AL* étant double de *AI*, c'est *LH* qui doit être la moitié de *IE*, quoiqu'elle n'en soit qu'un peu plus du quart. Car *AM* n'étant qu'un peu moins que 4 fois *AT*, & par conséquent *TE* qu'un peu moins que 4 fois *MH*; *IE* n'est aussi qu'un peu moins que 4 fois *LH*.

Si au lieu des rectangles inégaux $IE \times AI$, $KG \times AK$, $LH \times AL$, le P. C. avoit pris les rectangles $IE \times EB$, $KG \times GC$, $LH \times HD$, il auroit eu des rectangles veritablement égaux entr'eux, & dont l'égalité est une autre proprieté de l'hyperbole rapportée à ses asymptotes, proprieté non moins familiere que la précedente à ceux qui savent les premiers Elemens des Sections Coniques: mais les côtés *EB*, *GC*, *HD* de ces rectangles ne suivant pas la même raison que les côtés *AI*, *AK*, *AL* des rectangles qu'il a pris, démontrent encore évidemment l'inégalité de ces rectangles, & tout le mecompte de l'Auteur.

Vous voyés, Mr. qu'avec ce peu que le P. C. nous apprend ici de l'hyperbole, il auroit pû dire encore comme ailleurs, ſans ſe vanter beaucoup; *En voilà plus que les Géometres n'en apprennent aux commençans.*

Au reſte, & dans le cône & hors du cône, on ne dit preſque rien des Sections Coniques, & l'excellent Traité qu'a fait ſur cette matiere le Marquis de l'Hoſpital, ſera tout nouveau pour un Lecteur qui n'aura lû que le P. C.

Mais, Mr. je vais trop vîte. La reflexion ſuivante m'apprend que je pourrois bien me tromper.

Au reſte, que les Géometres ne diſent pas que j'effleure ici la ſcience des Sections Coniques, tandis que je me flatte au contraire d'en donner des Traités aſſés profonds; ſi c'eſt le detail qu'ils cherchent, ils verront bientôt que je viens de leur en donner la clé, mais chaque choſe a ſa place, & s'ils ne ſaiſiſſent pas encore, l'eſprit de l'ordre que je ſuis dans tout cet ouvrage, ce n'eſt pas ma faute, puiſque j'ai donné mon plan fort à découvert dans les ſept premiers Developpemens, & qu'ils devroient déja voir à quoi ſe rapporte chaque partie du detail qui roule dans leur memoire. Et deux pages plus bas.

Ceux qui pourroient me blâmer d'avoir donné deux ou trois Traités ſur les Sections Coniques, ſans aucun detail de leurs proprietés particulieres, & qui m'accuſeroient là-deſſus de donner une theorie moins étenduë que celle des autres Géometres vont voir que pour ce qui eſt de l'étenduë, j'en donne aux choſes un peu plus qu'on n'en donne communément, que les Traités precedens ſont preſque tous de ſurerogation, mais que je ne confonds point la theorie avec la pratique, ni les principes avec les conſéquences, que pour ce qui eſt du detail il ne regarde gueres que la pratique, & que c'eſt ici le lieu de ce qu'ils ont cherché inutilement dans les Traités précedens.

Je vous ai bien dit, Mr. que j'allois trop vîte. Examinons pourtant. Le P. C. eſt ſuſpect, & ce n'eſt pas autrement ſa coutume de tenir ce qu'il promet. Voyons. Ah! je n'en doute plus. Il veut encore ici en impoſer aux ignorans. Je trouve bien les Equations des Sections Coniques, *leurs allures*, comme il les appelle, & des Titres qui annoncent les lieux Géometriques & leurs constructions, mais je ne trouve rien là-dessus de clair ni de developpé. Ce qu'en dit l'Auteur est si court & si confus que les commençans auront besoin de toute leur attention pour n'y rien entendre.

Ceux qui voudront (c'est lui qui parle) *voir tout cela en detail sont à même, il me suffit d'en donner la clé & de le faire même toucher du doigt. Tout cela n'a d'embarrassant que le detail même & la complexion des termes. En general tout detail embarasse ceux qui n'ont point d'exercice & d'usage, il leur fait perdre de vûë le principe qui est pourtant l'essentiel.*

Quoiqu'en dise le P. C. il n'est nullement vrai, Mr. que le détail fasse perdre de vûë le principe. C'est tout le contraire. Ce n'est qu'en appliquant le principe, & en le faisant appliquer aux commençans qu'on les en rend maîtres. Ce n'est que l'usage qu'ils en font qui le leur developpe. Et puis en vain leur donne-t'on le principe si on ne leur donne aussi la maniere de s'en servir.

Ajoutés à cela, Mr. que ce que le P. C. appelle *detail*, fait souvent partie du principe, ou sert à l'éclaircir ; mais il a ses raisons pour le négliger. On méprise volontiers ce qu'on ignore. Après cela sied-t'il bien à l'Auteur de dire dans la récapitulation de la Géometrie composée.

Que sait-on si la Géometrie portée peut-être dans cet Ouvrage à un certain point de facilité, ne repandra pas dans le monde un certain jour, un certain goût de justeße & de proportion, &c. Et plus bas. *Que sera-ce donc si à l'aide de cet Ouvrage, ou de tout autre qui en executera mieux le plan, la Géometrie la plus haute devient une science de commerce & d'usage.*

Je vous laisse à juger, Mr. si l'esperance du P. C. est bien fondée, & je passe à la Géometrie transcendante.

Notre Auteur distingue l'infini en *philosophique*, & *géometrique*, & le philosophique en *Phisique* & *Metaphisique*.

La phisique de l'infini contient les divisions & les subdivisions actuellement faites dont l'Univers est plein ; elle contient aussi ce que le P. C. appelle la Géometrie naturelle de l'infini qui commence par ces mots.

C'est ici, je pense, le vrai nœud de la Géometrie & de la Metaphisique de l'infini ; c'est au moins l'unique voye que j'aye pû trouver pour reconcilier ses adversaires avec ses partisans, & pour mettre cette haute & transcendante Géometrie à la portée de tout le monde.

Vous allés juger, Mr. de cette voye admirable.

J'ai oüi-dire plus d'une fois en propres termes (c'est l'Auteur qui parle) *qu'un*** n'est rien, que deux sont quelque chose, que trois sont beaucoup & quatre sont trop.*

Un peu n'est rien, mais deux peu sont beaucoup.

L'eau qui tombe goutte à goutte, comme dit la chanson, perce le plus dur rocher.

Plusieurs coups redoublés font entrer le cloud dans le marbre.

Ce sont-là les principes de la Géometrie naturelle de l'infini ; en voici la pratique.

Un Artisan pour faire un talon fait d'abord un quarré, *il en coupe les angles, & d'angle en angle, il les fait disparoître, & arrondit son talon.*

Chés le simple peuple, & chés tous ceux qui ne font pas de grands calculs, sur une somme un peu grande on neglige une obole, un denier même & un liard selon la grandeur du compte ou la richesse du calculateur.

La Mouche qui chés Esope étoit bien fiere de se voir traîner en carosse, eut été bien sotte, si elle eut sû que les chevaux ne se mettoient pas en de plus grands frais pour elle.

Chés les Marchands, &c.

Hé bien, Mr. qu'en pensez-vous ? Voilà sans doute les

deux partis reconciliés. Le moyen de resister à de si bonnes raisons. Le P. C. a trouvé le *vrai nœud* de la question.

Mais c'est dans la Metaphisique de l'infini que se découvre principalement son grand genie; c'est bien là que *cet esprit creàteur & inventif franchit la reduction à l'aide de la combinaison*, *& atteint au nouveau sistème.*

Je vais (dit-il) *combattre tous les prejugés en les suivant tous à la rigueur. Je heurte tous les sentimens en les conciliant tous, l'ordre au moins qui regne encore plus que dans le morceau précedent, mettra quelques Lecteurs à bon port.*

Voici, Mr. à quoi se réduit cette Metaphisique, le chef-d'œuvre du P. C.

L'étenduë est à la fois divisible à l'infini & indivisible. Elle est composée de points plus grands les uns que les autres.

Sans entrer dans un long détail, & chercher à débroüiller ce Traité, qui malgré l'*ordre qui y regne*, est fort embarrassé & fort confus, je vous ferai seulement remarquer, que, si par des points inégaux, le P. C. entend les infiniment petits des Géometres, infiniment petits qui ne sont pas absolument indivisibles, il ne dit rien de nouveau; que s'il entend des points absolument indivisibles, il dit une absurdité manifeste. Car des points absolument indivisibles sont sans étenduë, & ne peuvent par conséquent être plus grands les uns que les autres.

L'Auteur ne laisse pas cependant de s'applaudir. Si on veut l'en croire, l'infini, cet écueil de la raison humaine, cede à ses lumieres supérieures, il a franchi la barriere contre laquelle les plus grands génies s'étoient venus briser, il a delié le nœud jusqu'ici indissoluble. *Enfin le voilà atteint* (dit-il de l'infini) *& il n'est plus question que de s'en mettre en pleine possession après l'avoir distinctement reconnu.*

Le P. C. Mr. est si sûr de son fait, il croit avoir repandu un si grand jour sur l'infini qù'il n'y voit plus de difficulté que *sa trop grande facilité à être compris. Car* (ajoute t'il) *il*

Il est peu d'esprits à qui une verité trop facile ne soit suspecte ; & l'infini plus que toute autre chose paroît devoir coûter bien des rompemens de tête pour y atteindre. Je ne dis pas que celui-ci n'en ait coûté ; mais enfin le voilà atteint, &c.

C'est dans ce Traité de l'infini qui *n'a de difficulté que sa trop grande facilité à être compris*, que le point est defini, *l'être absorbé dant le neant.*

Je m'explique (ajoute le P. C.) *quand ce devroit être par quelque chose de plus obscur. Il faut toujours dire les choses obscures, parce qu'avec le temps quelqu'un pourra les éclaircir.*

L'Auteur tient ici parole pour la premiere fois. Son explication est si obscure, qu'il faudra qu'avec le temps quelqu'un lui explique à lui-même ce qu'il a voulu dire.

La Metaphisique de l'infini est terminée par plusieurs reflexions sensées, comme, par exemple, la suivante.

Les esprits les plus populaires sont d'autant plus à portée de la Géometrie de l'infini, qu'étant plus bornés, il y a plus d'infinis pour eux. Entendés parler le peuple, les cheveux de la tête sont infinis, tout nombre qui passe mille est innombrable, toute montagne touche le Ciel, toute question est insoluble.

Après le Philosophique de l'infini en vient le Géometrique. Dans la Géometrie de l'infini, on trouve quelques methodes d'approximation, & entr'autre celle des Cascades, ou plûtôt on n'en trouve que le procedé, encore n'est-il pas trop expliqué. Pas un mot des principes sur lesquels il est fondé.

Qu'est devenu cet homme qui laissoit le détail pour donner le principe & la clé ?

Le P. C. après cela dit quelque chose de la generation des *Series*, & passe aux calculs differentiel, integral & exponentiel ; mais il les expose si brievement, qu'il n'y a point de commençant qui les puisse apprendre dans son Livre. Il applique le calcul differentiel aux tangentes, maxima & minima points d'inflexion & de rebroussement, mais encore d'une maniere inintelligible pour les commençans, qu'il renvoye pour le détail au Marquis de l'Hospital. Il auroit bien fait d'y renvoyer aussi pour le fond. On trouve, par exemple, dans cet excellent Auteur, la méthode pour les Caustiques par reflexion & par refraction dont le P. C. ne dit pas un mot.

A ce que vous venés de voir succedent plusieurs Traités, plus superficiels encore que les précedens, sur les courbes en general, leurs degrés, leur comparaison, &c. On y renvoye par tout à *Stirling* & *Newton*. Ceux qui ne sont pas au fait de ces matieres n'y entendront rien, elles ne sont point du tout développées & les autres n'y trouveront rien de nouveau.

Rien de nouveau, Mr. je me trompe. Ne diminuons point la gloire du P. C. en dissimulant ses découvertes. Il faut avouer que la* Conchoïde du troisiéme degré est une nouveauté pour les plus habiles Géometres, qui seront sans doute étonnés & très étonnés de voir cette courbe abaissée d'un degré. De pareils miracles appartiennent au P. C. L'impossible même ne l'étonne point. La quadrature indefinie de la Lunule, en est une preuve, & si vous en doutés encore, le Problême suivant achevera de vous en convaincre.

* P. 627.

PROBLEME SUPERIEUR.

Il y a (c'est l'Auteur qui parle) *un problème d'un ordre superieur & tout nouveau, que je voudrois proposer aux Géometres. On croiroit d'abord ce Problème tout Phisico-Mathematique, il est Phisico-Mathematique en effet, mais il est aussi très-géometrique. Il s'agit sur l'idée generale & sensible, & presque sur le coup d'œil ou sur les Phénomenes & les apparences d'une courbe, d'en trouver l'équation, le rapport des co-ordonnées & de toutes les proprietés. Quoique je parle du coup d'œil & de l'idée sensible d'une courbe, il ne faut pas croire que je rende en aucune sorte les yeux juges & arbitres de ce Pro-*

blême, lequel bien pris est encore une fois Géometrique. Quand on a une équation d'une Courbe, il est facile d'en trouver le lieu géometrique, & d'en representer distinctement la Courbe aux yeux, en la traçant sur le papier avec toutes ses branches, ses points, nœuds, inflexions, entrelacemens, &c. Il s'agit de trouver l'équation d'une Courbe qui est tracée de la sorte sur le papier, & dont le coup d'œil seul nous donne l'idée.

Le Problême superieur que propose ici le P. C. est, Mr. une nouvelle preuve du tour singulier de son imagination. Elle saisit avec vivacité les premieres lueurs qui s'offrent à elle. Ont-elles un air de singularité, tout est examiné, tout est vû, ce sont des verités incontestables & de la derniere importance.

L'énoncé même du Problême se sent de la confusion des idées de l'Auteur ; & l'on s'apperçoit aisément à la maniere dont il l'expose, qu'il ne le conçoit pas bien distinctement lui-même : *l'esprit d'invention*, Mr. *est un peu broüillon de son naturel.*

Quand on a (dit le P. C.) *une équation d'une Courbe, il est facile d'en trouver le lieu géometrique, & d'en représenter distinctement la Courbe aux yeux en la traçant sur le papier avec toutes ses branches, ses points, nœuds, inflexions, entrelacemens, &c. Il s'agit de trouver l'équation d'une Courbe qui est tracée de la sorte sur le papier, & dont ce coup d'œil seul nous donne l'idée.*

Est-il possible, Mr. que le P. C. n'ait pas vû que ce qu'il propose est absolument chimerique ?

Pour avoir l'équation d'une Courbe, il en faut connoître quelque proprieté particuliere ; le coup d'œil a beau en donner une idée, si cette idée n'est fondée sur quelque chose qui caracterise cette Courbe, on ne la connoîtra point. Or, comment le coup d'œil seul peut-il donner une pareille idée ?

Il vous fera bien voir que la Courbe a des nœuds, des inflexions, des entrelacemens, &c. mais cela est commun à une infinité de Courbes differentes, & ne peut par conséquent en déterminer une particuliere.

Quand je vois quelqu'un (ajoute ce P.) *qui avec un compas décrit sur le papier une Courbe, je prens d'abord l'idée d'une Courbe uniforme, dont tous les points sont également éloignés du centre.*

Voilà, Mr. qui est merveilleux! Quand il voit la maniere dont on trace le cercle, il en prend l'idée; Sans doute: & toutes les fois qu'on verra décrire des Courbes, il sera aisé d'en trouver l'équation: d'où pourroit-on mieux la tirer que de leur formation. Ne renferme-t'elle pas les proprietés qui leur sont particulieres, & n'est-ce pas ainsi Mr. que le Marquis de l'Hospital dans sont Traité des Sections Coniques, trouve les proprietés de ces Courbes en les traçant avec son équerre?

Si le Problême du P. C. se réduit à trouver l'équation, d'une Courbe, en voyant la maniere dont on la décrit, ou même dont elle se forme elle-même, comme la Chaînette, l'Elastique, la Courbe du linge plein d'eau, &c. Ce Problême superieur & nouveau est la chose du monde la plus commune. Mais voyons l'application qu'il en fait à un exemple.

On me presente (c'est lui qui parle) *un huit de chiffre; je n'en connois aucune proprieté géometrique, & il faut les trouver. Pour cela je tire deux axes A K, B D par le point C.*
Fig. 6. *Car je choisis d'abord le point de vûë le plus simple. Or ce point de vûë qui répond à l'idée que j'ai dans l'esprit d'un huit regulier, je remarque que partout les ordonnées OG, OH sont égales, aussi-bien que OE, OI, & de même AL = AM, CB = CD, avec cette difference qu'en allant de C vers A ou vers K, les ordonnées OG, OE deviennent égales, aussi-bien que OH & OI, les deux points G, E d'intersection se confondant en un seul point de contact L, & les deux H, I en M, de sorte que les quatre ordonnées en A sont égales. Au lieu qu'en C les deux OH, OI deviennent nulles, & les deux OE,*

D I deviennent C B, C D, qui ſont des maxima, c'eſt-à-dire, les plus grandes ordonnées & le grand axe même qui marque la plus grande longueur de cette Courbe.

Le P. C. Mr. ſuppoſe d'abord gratuitement que les ordonnées *O G*, *O H* ſont égales, *il a*, dit-il, *l'idée d'un huit de chiffre regulier*; oüi, parce qu'il ſait que ſa Courbe en eſt un; mais s'il l'ignoroit: Comment pourroit-il s'aſſurer que dans la Courbe qu'on lui préſente à la vûë, *O G* & *O H* ſont égales, leur difference pourroit être inſenſible. Mais en lui paſſant cela, il ne connoît pas encore la Courbe. Pour la déterminer, il faudroit qu'il en connût quelque proprieté particuliere, ce qui n'eſt point. Car tout ce qu'il trouve peut s'appliquer à deux Courbes rentrantes égales qui ſe toucheroient. Appliquons le (par exemple) à deux cercles.

Comme dans ſon huit de chiffre, *par tout les ordonnées O G, O H ſont égales, auſſi-bien que O E, O I, & de même A L = A M, C B = C D, avec cette difference qu'en allant de C vers A ou vers K, les ordonnées O G, O E deviennent égales auſſi-bien que O H, O I, les deux points G, E d'interſection ſe confondant en un ſeul point de contact L, & les deux H, I en M. De ſorte que les quatre ordonnées en A ſont égales. Au lieu qu'en C les deux O H, O G deviennent nulles, & les deux O E, O I deviennent C B, C D qui ſont des maxima, c'eſt-à-dire, les plus grandes ordonnées & le grand axe même qui marque la plus grande longueur de cette Courbe.* Fig. 7.

A preſent, Mr. ce Problême ſuperieur que le P. C. propoſe aux Géometres ne merite-t'il pas bien l'éloge magnifique qu'il en fait. *Telle eſt à peu-près* (dit-il) *la méthode pour déterminer une Courbe par le coup d'œil, par les Phénomenes, par l'idée ſenſible, méthode auſſi utile que ſimple, & ſans doute la ſeule pour la détermination des Courbes Phiſico-Mathematiques.*

Une preuve inconteſtable, Mr. de l'utilité & de la beauté de cette méthode, c'eſt la découverte qu'elle a fait faire à notre Auteur.

C'est par là (ajoute-t'il à ce que vous venés de voir) *que j'ai crû trouver que la chaînette si deguisée par d'autres méthodes plus savantes est Phisiquement l'Ellipse, & Géometriquement la Parabole.*

Cette découverte doit forcer les plus incrédules à se rendre. Elle suppose que les Leibnits, les Bernoulli, enfin les plus fameux Géometres de l'Europe se sont trompés sur la chaînette, & décide par conséquent de la superiorité du P. C. sur ces habiles gens. Il y a néantmoins une petite difficulté : c'est que ce que le P. C. dit avoir trouvé, d'autres l'ont trouvé avant lui, & en ont été repris comme d'une erreur. Mais apparemment il n'en a rien sû, & il faut croire qu'il a lû le Traité des forces mouvantes du P. Pardies (comme le font voir les éloges qu'il en fait dans son Livre) sans s'être apperçû que ce P. savant d'ailleurs, avoit crû que la chaînette étoit une Parabole, & même avoit prétendu le démontrer. Il faut croire aussi sur la foy de la méthode du P. C. que ce qui étoit erreur chés les autres, chés lui est verité. Quoiqu'il en soit, Mr. de Leibnitz remarque dans les Journaux de Leipsic, pour faire connoître le merite des nouvelles méthodes que Galilée avoit soupçonné la chaînette d'être une Parabole, en quoi il s'étoit trompé*. Dans les mêmes Journaux Mr. Bernoulli remarque la même chose du P. Pardies. *Le P. Pardies* (dit ce savant Géometre,) *tâche d'établir ce sentiment dans un petit Traité des forces mouvantes, où il n'a fait sur la matiere presente que de purs Paralogismes.*

* Act. erudit. mensis Junii. an. 1694. p. 263.

Voilà, Mr. l'extrait abregé de l'Ouvrage du P. C. ouvrage où il n'y a rien de lui que le ton & les erreurs. Au reste, il n'a point eu le succès que ce P. en attendoit. Les hommes aiment à voir rabaisser ce qu'ils ignorent, c'est vanger leur amour propre, que d'humilier ceux qui en savent plus qu'eux. Hé bien, Mr. le P. C. a rabaissé autant qu'il a pû la Géometrie. Il a de même humilié les Géometres, il a voulu les rendre ridicules, & malgré cela, ce n'est ni de la Géometrie ni des Géometres qu'on a ri.

Le mauvais succès du Livre n'a point découragé l'Auteur : resolu à quelque prix que ce fut de se faire de la réputation, il a attaqué dans les Memoires de Trevoux de Janvier 1730. plusieurs membres illustres de l'Académie des Sciences. Il s'est flatté apparemment que par le merite de ceux qu'il attaquoit, on jugeroit du sien ; ou peut-être a-t'il voulu se vanger sur eux du mauvais succès de son Livre. Il en avoit déja maltraité quelques-uns avec le plus grand tort du monde, dans des Memoires précedens. On ne lui a pas répondu. Les offensés ont sans doute méprisé ses attaques. Il y a des gens qui cherchent à faire du bruit, & qu'on ne peut mieux punir qu'en ne prenant pas garde à eux.

Dans les Memoires de Trevoux on rend compte des Livres qui paroissent, & par un extrait abregé, on met les Lecteurs en quelque sorte en état d'en juger. C'est dans l'extrait que le P. C. y devoit faire des Memoires de l'Académie de 1725. qu'il a attaqué Messieurs Nicole, Mairan & Pitot, par des reflexions sur leurs morceaux, dont il ne fait pas l'extrait. Sont-elles équitables ? Vous en allés juger, Mr. & voir briller ici pour le moins autant de bonne foy que de science & de modestie dans le Traité de Mathematique.

M. Leibnitz un peu avant sa mort avoit proposé par defi aux Géometres Anglois ce Problême. Trouver une Courbe qui en coupe à angles droits une infinité d'autres, ayant même sommet, même axe, & dont le rayon de la développée soit à la partie, de ce rayon comprise entre la Courbe & l'axe en raison donnée.

Ce Problême a été résolu par les plus fameux Géometres de l'Europe, comme le remarque Mr. Nicole fameux Géometre lui-même, qui en a donné une nouvelle solution extremement belle, & à laquelle il arrive par une route toute differente de celle que les autres ont suivie. Il y détermine les cas où les Courbes & coupées & coupantes sont géometriques ou méchaniques, par la nature des suites qui expriment leurs ordonnées.

C'est sur cette nouvelle solution que le P. C. fait la remarque suivante.

Quand on redonne ainsi au Public des choses dont il est déja saisi, il semble qu'on ne devroit plus viser qu'à lui en donner la clé, pour lui en approprier de plus en plus la possession, en les mettant tout-à-fait à la portée de tout le monde.

Ou le P. C. Mr. n'a lû que le titre du Memoire de Mr. Nicole, ou il a lû le morceau tout entier; & supposant qu'il l'ait lû tout entier, il l'a entendu ou ne l'a pas entendu.

S'il n'en a lû que le titre, il y a peu de sagesse & peu d'équité dans son fait; peu de sagesse de juger d'un Ouvrage sur le titre, peu d'équité d'en porter un jugement désavantageux. Il y a encore bien moins d'équité, si ayant lû le Memoire il l'a entendu; puisque dans ce cas le P. C. n'a pû ignorer que Mr. Nicole donnoit la clé demandée, & que sa méthode joignoit à l'élegance de la résolution le merite de perfectionner la doctrine des Suites, & d'apprendre l'usage qu'on en pouvoit faire dans la résolution des Problêmes de la méthode inverse des Tangentes.

Enfin, s'il l'a lû sans l'entendre, est-ce la faute de Mr. Nicole si le P. C. n'est pas plus habile? Le Memoire est écrit avec toute la netteté, toute la clarté dont la matiere est susceptible; mais il suppose necessairement le Lecteur au fait de la Géometrie Transcendante, dont le Problême en question est un des plus sublimes & des plus difficiles, & qui par conséquent ne peut être mis à la portée que de ceux qui ont les connoissances necessaires pour l'entendre.

Dans un autre Memoire, Mr. Nicole a demontré une nouvelle proposition élementaire qu'il a trouvé : c'est que si sur les côtés d'un triangle quelconque *A B C*, on éleve trois

trois quarrés *ABED*, *CBFG*, *ACHI*, & qu'on les joigne par des lignes *FE*, *DI*, *GH*, les trois triangles *BEF*, *ADI*, *GCH* seront chacun égaux au triangle *ABC*. Fig. 3.

Cette proposition est tout-à-fait indépendante de la 47 d'Euclide, & c'est indépendamment de la 47 que l'a démontrée Mr. Nicole. Il a plû au P. C. de supposer que c'en étoit un corrollaire, ce qu'il avance hardiment & sans dire la proposition dont il s'agit.

Le troisiéme Memoire de Géometrie elementaire, dit-il, *est une extension de la 47 d'Euclide; c'est Mr. Nicole qui publie le premier ce nouveau corollaire. Il est beau, mais ce seroit encore mieux pour le Public d'étendre des connoissances sur la Géometrie que d'étendre la Géometrie, qui n'est déja que trop étenduë pour la pluspart des Lecteurs pour qui on est obligé de travailler, dès qu'on travaille. Car on n'imprime pas pour soi ni pour deux ou trois confidens.*

Je n'entends pas trop, Mr. ce que le P. C. veut dire par ces mots: *Ce seroit encore mieux d'étendre des connoissances sur la Géometrie, que d'étendre la Géometrie*. Qu'est-ce qu'*étendre des connoissances sur la Géometrie?* Je vous avouë que je n'en sai rien. J'ai d'abord crû que c'étoit ma faute; mais ayant vû plusieurs personnes éclairées qui ne le savoient pas mieux que moi, j'ai jugé qu'il falloit que ce fut celle du P. C. Tâchons, Mr. de le deviner. Voilà apparemment ce qu'il a voulu dire; c'est qu'il vaut mieux étendre les connoissances ausquelles la Géometrie s'applique, que d'étendre la Géometrie.

Sa reflexion énoncée ainsi est claire, c'est dommage qu'elle soit fausse & très mal placée.

Il y a dans l'Académie des Sciences des classes de Géometres, de Mechaniciens, d'Astronomes, de Chimistes, &c. Chacun de ceux qui les composent doit s'appliquer particulierement au genre de sa classe, un Géometre à la Géometrie, un Chimiste à la Chimie, &c. N'est-il pas tout-à-fait hors de propos de dire à un Géometre qu'au lieu d'étendre la Géometrie il devroit étendre les connoissances ausquelles elle s'applique, ce n'est pas son affaire. C'est celle des autres classes. Chacun travaillant à ce qui en est l'objet propre, les autres sciences s'étendent aussi-bien que la Géometrie. Ajoutés, Mr. qu'elle en est la clé, & que son avancement est le leur. Quel progrês ne doivent-elles pas à sa plus grande perfection. Mais, dit le P. C. *elle n'est déja que trop étenduë*. Hé, quoi ce P. a-t'il donc vû le bout utile de la Géometrie? Peut-il en prescrire les bornes? Quelqu'un qui confond la Chaînette avec la Parabole a-t'il bon air de décider là-dessus? Est-ce la quadrature indefinie de la Lunule ou son Problême superieur qui inspirent au P. C. tant de confiance.

*On n'imprime pas (*ajoute-t'il*) pour soi, ni pour deux ou trois confidens.* Voilà, Mr. une remarque faite bien à propos au sujet d'une proposition élementaire à la portée de tout le monde.

Venons à Messieurs Mairan & Pitot, ausquels il ne rend pas plus de justice qu'à Mr. Nicole. Voici ce qu'il dit du premier.

Le premier de ces morceaux est sur l'inscription du Cube dans l'octaedre par Mr. Mairan. Ce savant Phisicien ayant appris de Mr. Clairaut Maître de Mathematique à Paris, que le P. L. dans ses Elemens avoit mal démontré une proposition d'Euclide, en démontra bientôt l'erreur à l'Academie par un Memoire fort beau & fort exact que l'Académie a jugé digne d'être communiqué au Public. Le P. L. dont les Elemens sont un fort bon Ouvrage, parce qu'il n'y en a gueres qui soient plus à portée des Lecteurs, meritoit bien l'honneur qu'on lui fait de relever avec cet appareil une faute qui est d'ailleurs d'une très-petite conséquence, d'autant mieux que vingt Commentateurs d'Euclide ont évité cette erreur, & que le sujet n'interesse gueres ni la theorie ni la pratique.

Sur cet exposé, ne croiriés-vous pas, Mr. que le Memoire de Mr. Mairan n'eſt fait que pour relever la faute du P. L. & qu'il ne s'y agit uniquement que de découvrir ſon Paralogiſme. Rien n'eſt moins vrai, cependant, vous allés être convaincu, Mr. que cet expoſé eſt abſolument infidele. Voici les choſes comme elles ſont.

M. Clairaut s'étant apperçû de la faute du P. L. conſulta Mr. Mairan, qui trouva qu'en effet ce P. s'étoit trompé. Cela l'engagea à examiner la matiere à fonds, ſa recherche lui fournit pluſieurs choſes neuves & curieuſes ſur leſquelles il fit le morceau dont il s'agit ici. Il y remarque bien d'abord la faute du P. L. mais cela ne fait pas la 30me partie de ſon Memoire. Il y fait voir qu'on peut inſcrire dans l'octaedre une infinité de Cubes moyens entre un plus grand & un plus petit qu'il determine. Le plus petit qui eſt celui d'Euclide a une poſition toute contraire à celle du plus grand dont celle des moyens differe de plus en plus à meſure qu'ils s'en éloignent. Si on ſuppoſe que le plus grand cube en devenant toujours plus petit forme ſucceſſivement tous les autres, un des angles ſolides de ſa face ſuperieure décrira une portion d'hiperbole dont le ſommet eſt le point où s'appuye un des angles ſolides du cube d'Euclide, Mr. Mairan trouve auſſi les plus grands Priſmes inſcriptibles. Leur hauteur eſt égale à celle du cube d'Euclide, mais leurs bazes different de poſition, & ſont plus grandes les unes que les autres. Tous ces Priſmes ſont dits les plus grands, parce que chacun d'eux eſt le plus grand de ceux qui ont même poſition que lui. Mais il y en a un qui eſt le plus grand des plus grands, & c'eſt celui qui a pour baze un plan mené par le tiers du côté. Ce Priſme eſt double du cube d'Euclide.

Mr. Mairan pouſſe encore plus loin ſes recherches, mais ce que j'en ai dit eſt plus que ſuffiſant pour vous prouver l'infidelité du Journaliſte. Vous l'allés voir encore dans ce qui regarde Mr. Pitot.

Mr. Pitot a donné un Memoire très-beau & très-utile,

dans lequel il determine le plus grand effet que puissent produire toute sorte de machines muës par un courant ou par une chute d'eau. Ce Memoire a eu le malheur de déplaire à Mr. Duquet. C'est un Machiniste qui a naturellement du genie, mais que le peu de profondeur de ses connoissances dans les Méchaniques, fait tomber quelquefois dans des mécomptes considerables.

Il a apparemment trouvé que le calcul de Mr. Pitot renversoit ses projets, & sans partir d'autre principe que de l'envie qu'il en avoit, il a conclu qu'il ne valoit rien. Il a fait lui-même un Memoire, ou plûtôt de son aveu le P. C. en a fait un pour lui qui est inseré dans les Journaux de Trevoux de Juin 1729, par lequel il prétend détruire celui de Mr. Pitot. C'est un tissu de Paralogismes grossiers que Mr. Pitot a très-bien refuté dans le Journal des Savans de Septembre 1729. Il a fait voir clairement que le P. C. sous le nom de Mr. Duquet n'entendoit rien à la matiere, & que son morceau étoit plein de faux raisonnemens.

Aujourd'hui le P. C. fait semblant d'ignorer cette réponse, & sans en dire un mot, voici comme il parle du Memoire de Mr. Pitot.

Sur les machines mües par l'eau, par Mr. Pitot. Le but de cet Auteur est de montrer que le courant des rivieres ne peut servir pour faire remonter les batteaux. Mais nous ne nous y arrêterons pas, parce que Mr. Duquet vient de faire voir dans un de nos mois précédens. 1°. Que le raisonnement de Mr. Pitot est purement géometrique & algébrique, & par consequent abstrait & sans aucune consequence pour la pratique. 2°. Qu'il est hypothetique & fondé même sur une fausse supposition. 3°. Que rien n'est plus pratiquable en supposant des batteaux beaucoup plus petits que les ordinaires & beaucoup plus longs que larges à proportion. D'ailleurs les expériences de remontage que Mrs. Caron & Boulongne viennent de faire sur la Seine, font voir que la chose est ab-

solument pratiquable dans la supposition même de Mr. Pitot ; & qu'ainsi son calcul n'est pas exact même dans cette supposition. Car quoique les machines dont ces deux Mechaniciens se sont servis n'ayent peut-être pas encore toute leur perfection, on peut dire cependant qu'une chose si difficile qui est si bien commencée est à moitié faite, & surement en voye de se faire.

Vous voyés, Mr. que le P. C. parle du Memoire auquel Mr. Duquet a prêté son nom, comme s'il n'avoit pas été pleinement refuté, & qu'il ne laisse pas même soupçonner qu'on y ait répondu. C'est quelque chose de singulier. Un autre seroit honteux d'être tombé dans des erreurs grossieres & de les avoir avancées avec un ton de Maître. Pour le P. C. il renouvelle les siennes avec la même confiance, le même air de securité que si elles étoient des vérités démontrées. *Le but de cet Auteur* (dit-il en parlant de Mr. Pitot) *est de montrer que le courant des rivieres ne peut servir à remonter les batteaux.*

Il est faux, Mr. & absolument faux que ce soit là le but de Mr. Pitot. Ce n'est ni le but ni le résultat de son Memoire. Son but est de déterminer le plus grand effet possible des machines mües par un courant ou par une chute d'eau, & en calculant il trouve bien que le courant de la Seine ne peut servir à faire remonter utilement (remarqués ce mot) les batteaux de Roüen à Paris, mais cela ne conclut rien pour les autres rivieres dont le courant seroit plus rapide, non plus que pour quelques endroits de la Seine, comme les entre-deux des Ponts & autres où sa vitesse est plus grande. Mais (ajoute-t'on) *le raisonnement de Mr. Pitot est géometrique & algébrique, & par consequent abstrait & sans aucune consequence pour la pratique.*

La belle consequence, Mr. j'aimerois autant dire, le raisonnement de Mr. Pitot est exact & s'applique à tous les cas. Donc il est sans consequence pour la pratique.

Mais, Mr. voyés le ce raisonnement, & jugés par sa simplicité de l'injustice de l'objection. Le voicy.

C'est une chose démontrée que le produit de l'impulsion de l'eau contre les vannes d'une machine müe par un courant & de leur vitesse, est égal au produit du poids mû par la machine & de sa vitesse. Ainsi si on nomme x la vitesse des aubes, t la force du choc, P le poids & u sa vitesse, on aura

$$tx = P \times u$$

C'est encore une chose démontrée que la force du choc de l'eau contre une surface immobile opposée directement à son courant est égale au poids d'un solide d'eau qui a pour baze la surface opposée, & dont la hauteur dans tous les cas se trouve en divisant par 56 le quarré du nombre de pieds que le courant parcourt dans une seconde.

Mais remarqués, Mr. s'il vous plaît que cette force du choc n'est telle que dans le premier instant. Car dans ce premier instant les vannes prenant une vitesse quelconque, elles se dérobent au choc avec cette même vitesse dans l'instant suivant, & ne sont en consequence frappées par le courant qu'avec l'exès de sa vitesse sur celle qu'il leur a communiquée. Ainsi si on nomme a la vitesse du courant, & x la vitesse des aubes, elle ne seront frappées par le courrant qu'avec la vîtesse $a - x$.

Cela posé : Si on suppose la surface des aubes égales à l'unité, la force du choc sera égale au poids du solide $\frac{\overline{a-x}^2}{56}$ qu'il faut multiplier par 72 valeur en livres du pied cube $72 \times \frac{\overline{a-x}^2}{56}$ est donc la force du choc, & $72 \frac{\overline{a-x}^2}{56} \times x$ est le produit de cette force par la vîtesse des aubes.

Maintenant il est évident que pour le plus grand effet de la machine ce produit doit être un maximum. M. Pitot le cherche par la méthode ordinaire, & trouve deux valeurs de x, dont l'une $= a$, & l'autre $= \frac{1}{3}a$. D'où il résulte que pour le plus grand effet possible les vannes doivent prendre $\frac{1}{3}$ de la vîtesse du courant. En substituant donc à x sa valeur $\frac{1}{3}a$ dans $72 \times \frac{\overline{a-x}^2}{56} \times x$, qui exprime la force du choc par la vîtesse des aubes, & appellant ss la surface des aubes presentée directement au courant, on aura

$$\frac{4}{21} a^3 ss = P \times u,$$

qui est une formule generale appliquable à toute machine müe par un courant. Vous voyés, Mr. combien cette formule est utile & commode. Car si ayant un fardeau à mouvoir par un courant avec une certaine vitesse, on veut sçavoir quelle surface on doit donner aux aubes, on n'a qu'à substituer aux indeterminées P, a & u leurs valeurs réelles, on trouvera celle de ss & de même si c'est P, a ou u qui sont inconnuës.

Pour rendre l'usage de cette formule encore plus aisé, Mr. Pitot a calculé generalement la valeur de P. Un batteau qui va contre le courant lui oppose une surface; cette surface est frappée par la vitesse du courant, jointe à celle avec laquelle le batteau monte. Ainsi si on nomme la surface du batteau, présentée directement au courant rr & v sa vitesse, le courant le rencontrera avec la vîtesse $a + u$, & la force du choc sera égale à $\frac{\overline{a+u}^2}{56} \times 72 \times rr$. Cette force du choc est la valeur de P, qui substituée dans la formule précedente donnera la suivante.

$$\frac{4}{21} a^3 ss = \frac{7}{9} \times \overline{a+u}^2 \times rr \times u.$$

Trouvés vous à présent, Mr. bien sensée l'objection du P. C. & conclut-il bien de ce que le raisonnement de Mr. Pitot est *géometrique & algébrique*, *qu'il est sans consequence pour la pratique*. Vous sentés aussi, Mr. qu'il n'est fondé sur aucune *fausse supposition*, les Principes dont part

Mr. Pitot sont demontrés & familiers aux plus petits Mechaniciens. De plus il ne détermine ni le courant ni la surface des aubes, ni la grandeur des batteaux. Qu'on se serve de grands, de petits, la formule est également bonne & utile. Il est vray qu'en l'appliquant à une machine pour remonter les batteaux de Roüen à Paris, il a supposé les batteaux tels qu'ils sont en attendant que l'idée de Mr. Duquet s'exécute; il vaut mieux sans doute calculer les choses d'après ce qu'elles sont, que d'après ce qu'il voudroit qu'elles fussent, bâtir sur la réalité que sur la chimere, puisqu'enfin ces petits batteaux n'auront apparemment jamais lieu pour bien des raisons qu'il seroit trop long de déduire icy. Au reste, Mr. Pitot a fait voir que l'entreprise de faire remonter utilement les batteaux de Roüen à Paris par le courant est tout-à-fait impossible. Qu'est-ce que le P. C. oppose à cela? Les expériences de Messieurs Caron & Boulongne. Remarqués, Mr. la maniere dont ce P. s'y prend pour faire illusion aux Lecteurs. Voici à quoi se réduit son raisonnement. *Le but de M. Pitot est de montrer que le courant des rivieres, ne peut servir à remonter les batteaux.* Mais *Mrs. Caron & Boulongne ont fait voir que la chose est pratiquable.* Donc Mr. Pitot se trompe.)

Cela paroît clair & démontré à ceux qui n'ont pas lû le Memoire en question. Ils croyent sur la foy du P. C. qu'en effet le but de Mr. Pitot est de montrer l'impossibilité de faire servir au remontage des batteaux, le courant des rivieres, & cela supposé le reste va tout de suite, au lieu que cela détruit, comme il vient de l'être, le raisonnement tombe & devient miserable. En effet, que résulte-t'il du Memoire en question. Qu'on ne peut remonter utilement les batteaux de Roüen à Paris. Les expériences des sieurs Caron & Boulongne font-elles voir le contraire? Nullement. Qui a jamais douté qu'on ne pût remonter dans les entre-deux des Ponts, au gué l'Evêque l'Evêque & à quelques autres endroits très - rapides ? Mr. Pitot qui étoit un des Commissaires n'a-t'il pas été de ce sentiment ! Et n'est-ce pas sur son rapport que l'Academie a donné un Certificat d'approbation au sieur Boulogne.

Dans les endroits où il a remonté aussi - bien que le sieur Caron, le courant est beaucoup plus rapide que dans tout autre.

Dans le temps des expériences l'eau parcouroit 6 pieds & ½ dans une seconde. Il seroit ridicule de calculer sur ce pied-là le remontage de Roüen à Paris. Il faut prendre la vitesse moyenne de la Seine, qui est 2 pieds & ½ par seconde, ce qui donne une bien grande difference. En effet en se servant des formules de Mr. Pitot, on trouve que la force pour remonter de Roüen à Paris n'est que celle d'un cheval, au lieu que pour remonter aux endroits des expériences elle égale celle de 18 chevaux.

Au reste, Mr. le P. C. ne s'est pas contenté de maltraiter si injustement Mrs. de Mairan, Nicole & Pitot. Il en a usé de même à l'égard de feu Mr. Varignon, dont la memoire est si respectable, & que pour tout éloge il suffit de nommer. *Peut-être* (dit le P. C. en parlant de sa Mechanique) *si l'ouvrage étoit moins étendu, contiendroit-il plus de bonnes choses, parce qu'il n'en contiendroit pas un si grand nombre d'inutiles & de mauvaises.*

Croiroit-on, Mr. qu'un homme comme le P. C. osât parler en ces termes d'un des plus sçavans Géometres qu'il y ait eu ? Est-ce Mr. Varignon qui est attaqué ? Est-ce le P. C. qui l'attaque. Et comment l'attaque-t'il encore ? D'une maniere aussi vague qu'injurieuse. Ne falloit-il pas au moins citer quelques unes de ces choses mauvaises dont il parle ? S'il est vrai qu'il y en ait, l'interêt de la verité, le mérite & le nom de l'Auteur ne demandoient-ils pas cela de lui ?

Ne le devoit-il pas même pour son propre interêt ? Il le

devoit ſans doute ; mais je ſuis ſûr qu'il auroit été bien embarraſſé de le faire. M. Varignon eſt célebre, il a été de l'Academie des Sciences ; ce ſont-là les ſeuls titres ſur leſquels le P. C. a attaqué cet habile homme.

Je ne vous parle point, Mr. des autres ouvrages du P. C. de ſon Clavecin oculaire, de ſon traité de la Peſanteur, de pluſieurs morceaux détachés, répandus dans differens Mercures & Memoires de Trevoux. Ils ſont tous marqués au même coin. Je ſuis, Mr. &c.

FIN.

APPROBATION
DU CENSEUR ROYAL.

J'AY lû par ordre de Monſeigneur le Garde des Sceaux, un Manuſcrit qui a pour titre : *Lettre Critique de M*** à M*** ſur le Traité de Mathematique du P. C.* & j'ai crû que l'impreſſion en ſeroit utile au Public. Fait à Paris ce vingt-neuviéme Avril 1730.

Signé BURETTE.

PRIVILEGE DU ROY.

LOUIS PAR LA GRACE DE DIEU, ROY DE FRANCE ET DE NAVARRE. A nos amez & feaux Conſeillers les Gens tenans nos Cours de Parlement, Maîtres des Requêtes ordinaires de nôtre Hôtel, Grand

Conseil, Prevost de Paris, Baillifs, Sénéchaux, leurs Lieutenans Civils & autres nos Justiciers qu'il appartiendra, SALUT. Nôtre bien-amé le Sieur *** Nous ayant fait supplier de lui accorder nos Lettres de Permission pour l'impression d'un Manuscrit qui a pour titre : *Lettre Critique de Mr. *** à Mr. *** sur le Traité de Mathematique du P. C. par Mr. ****** offrant pour cet effet de le faire imprimer en bon papier & en beaux caracteres, suivant la feuille imprimée & attachée pour modele sous le contre-scel des Presentes, Nous lui avons permis & permettons par ces Presentes de faire imprimer ledit Livre cy-dessus specifié en un ou plusieurs volumes, conjointement ou séparément, & autant de fois que bon lui semblera, sur papier & caracteres conformes à ladite feüille imprimée & attachée sous nôtredit contre-scel, & de le faire vendre & debiter par tout nôtre Royaume pendant le temps de trois années consécutives, à compter du jour de la datte desdites Presentes : Faisons deffenses à tous Libraires, Imprimeurs & autres personnes, de quelque qualité & condition qu'elles soient, d'en introduire d'impression étrangere dans aucun lieu de nôtre obeïssance ; à la charge que ces Presentes seront enregistrées tout au long sur le Registre de la Communauté des Libraires & Imprimeurs de Paris, dans trois mois de la date d'icelles : que l'impression de ce Livre sera faite dans nôtre Royaume & non ailleurs ; & que l'Impetrant se conformera en tout aux Reglemens de la Librairie, & notamment à celui du dix Avril 1725. Et qu'avant que de l'exposer en vente, le Manuscrit ou Imprimé qui aura servi de copie à l'impression, sera remis dans le même état où l'Approbation y aura été donnée, ès mains de nôtre très-cher & feal Chevalier Garde des Sceaux de France le Sieur Chauvelin, & qu'il en sera ensuite remis deux Exemplaires dans nôtre Bibliotheque publique, un dans celle de nôtre Château du Louvre, & un dans celle de nôtredit très-cher & feal Chevalier Garde des Sceaux de France le Sieur Chauvelin, le tout à peine de nullité des Presentes : Du contenu desquelles vous mandons & enjoignons de faire joüir l'Exposant ou ses ayans causes, pleinement & paisiblement, sans souffrir qu'il leur soit fait aucun trouble ou empêchement. Voulons qu'à la copie desdites Presentes qui sera imprimée tout au long au commencement ou à la fin dudit Livre, foy soit ajoutée comme à l'original. Commandons au premier nôtre Huissier ou Sergent de faire pour l'execution d'icelles tous Actes requis & necessaires, sans demander autre Permission, & nonobstant Clameur de Haro, Charte Normande, & Lettres à ce contraires : Car tel est nôtre plaisir. DONNE' à Fontainebleau le vingt-quatriéme jour du mois de May, l'an de grace mil sept cens trente, & de notre Regne le quinziéme. Par le Roy en son Conseil, SAINSON.

Registré sur le Registre VII. de la Chambre Royale & Syndicale de la Librairie & Imprimerie de Paris, N°. 580. fol. 538. conformément au Reglement de 1723. qui fait défenses, art. IV. à toutes personnes de quelque qualité qu'elles soient, autres que les Libraires & Imprimeurs, de vendre, debiter & faire afficher aucuns Livres pour les vendre en leurs noms, soit qu'ils s'en disent les Auteurs ou autrement, & à la charge de fournir les Exemplaires prescrits par l'art. CVIII. du même Reglement. A Paris le premier Juin mil sept cens trente. Signé P. A. LE MERCIER, Syndic.